UML 2.5

基础、建模与设计实践

李波　姚丽丽　朱慧　著

U0303933

清华大学出版社

北京

内 容 简 介

UML 是以面向对象图形的方式来描述任何类型的系统，应用领域非常广泛，其中常用的是建立软件系统的模型。本书基于 draw.io 开源免费软件，全面讲解 UML 2.5 的基本概念和建模方法，配套示例源文件、PPT 课件、习题答案和教学大纲。

全书分为 12 章，主要内容包括 UML 概述，面向对象技术和建模基础，UML 建模工具，用例和用例图，类图和对象图，顺序图和通信图，状态机图和活动图，组件图和部署图，包图、组合结构图、定时图、交互概览图和概要图等。最后讲解 3 个实战案例——汽车租赁系统、新闻中心管理系统和 BBS 论坛系统，通过这 3 个案例系统地讲解 UML 建模与设计的实战应用。

本书适合 UML 初学者、软件工程师、系统架构师、系统分析员及其他 IT 人员，同时也适合作为高等院校和高职高专院校软件相关专业的学生学习系统建模时的参考书。

图书在版编目（CIP）数据

UML 2.5 基础、建模与设计实践 / 李波，姚丽丽，朱

慧著. -- 北京：清华大学出版社，2024. 6. -- ISBN

978-7-302-66476-5

Ⅰ. TP312

中国国家版本馆 CIP 数据核字第 2024BH0144 号

责任编辑：夏毓彦
封面设计：王　翔
责任校对：闫秀华
责任印制：杨　艳

出版发行：清华大学出版社
网　　址：https://www.tup.com.cn，https://www.wqxuetang.com
地　　址：北京清华大学学研大厦 A 座　　　　邮　　编：100084
社 总 机：010-83470000　　　　　　　　　　邮　　购：010-62786544
投稿与读者服务：010-62776969，c-service@tup.tsinghua.edu.cn
质 量 反 馈：010-62772015，zhiliang@tup.tsinghua.edu.cn

印 装 者：北京同文印刷有限责任公司
经　　销：全国新华书店
开　　本：190mm×260mm　　　　印　　张：18.25　　　字　　数：492 千字
版　　次：2024 年 6 月第 1 版　　　　　　　　　　　　印　　次：2024 年 6 月第 1 次印刷
定　　价：79.00 元

产品编号：107182-01

前　言

从 1946 年诞生第一代电子管计算机开始，软件开发已有近 70 多年的历史。在这段时间里，面向对象技术的深入研究和广泛应用也已近 50 年，它已经成为软件开发中分析、设计和实现的主流方法。在过去的 50 年中，随着面向对象技术的发展，相关的软件设计工具和规范也获得了显著进步。其中，最重要的成就之一是统一建模语言（Unified Modeling Language，UML）的出现，这是面向对象建模技术的一个标志性成果。

UML 的创建始于 1994 年 10 月，由 Grady Booch 和 Jim Rumbaugh 开始致力于这项工作。1996 年 6 月，他们发布了 UML 的初个版本 UML 0.9。随后，10 多家公司组成了 UML 伙伴组织，共同提交了 UML 1.0 和 UML 1.1 版本。1997 年 11 月 17 日，对象管理组织（OMG）开始将 UML 纳为其标准建模语言。

在接下来的几年中，OMG 主导了 UML 的多个版本修订，包括 1.2、1.3、1.4 和 1.5 版本。进入 21 世纪后，OMG 推出了更为深入的修订版本，最终发布了 UML 2.0 版本，这一版本被广泛接受为标准建模语言。2011 年 8 月，官方发布了 UML 2.4.1 版本。2015 年 6 月，UML 2.5 版本正式发布，本书将以这个版本为基础，讲解 UML 建模。

本书内容

本书基于使用广泛、工具齐全的 UML 2.5 版本，详细讲解建模语言及其系统建模过程。本书共分 12 章，内容划分如下：

- 第 1~3 章：着重介绍 UML 的预备知识，包括 UML 概述、面向对象概述、常见的 UML 建模工具以及 Draw.io 的用法等。
- 第 4~9 章：着重介绍 UML 的各种图，包括用例图、类图、对象图、顺序图、通信图、状态机图、活动图、组件图、部署图、包图、组合结构图、定时图、交互概览图和概要图等。对每一种图介绍它的基本概念、图的组成要素以及图的建模技术和创建示例。通过这种方式能够让读者完整而系统地掌握每一种 UML 图。
- 第 10~12 章：详细介绍 3 个实战案例——汽车租赁系统、新闻中心管理系统和 BBS 论坛系统。读者可以通过这 3 个案例全面而系统地了解系统建模的完整过程。

配套资源下载

本书配套示例源文件、PPT 课件、习题答案和教学大纲，请读者用自己的微信扫描下边的二维码下载。如果学习过程中发现问题或有疑问，可发送邮件至 booksaga@163.com，邮件主题为"UML 2.5 基础、建模与设计实践"。

本书读者

无论是 UML 初学者，还是从事面向对象软件开发的开发人员，或者是希望通过学习 UML 帮助自己建模的人员，本书都能够帮助他们全面了解 UML 的基本概念和建模方法。本书同样也适合作为高等院校或高职高专院校软件工程及其相关专业的教学用书或参考书。

由于著者水平有限，书中难免有疏漏之处，敬请读者谅解。

著 者

2024 年 3 月

目　录

第 1 章

UML 概述

本章导读

UML（Unified Modeling Language，统一建模语言）的目标是以面向对象图形的方式来描述任何类型的系统。它通常用于建立软件系统的模型，但也同样可以用于描述非软件领域的系统，如机械系统、企业机构或业务过程，以及处理复杂数据的信息系统、具有实时要求的工业系统或工业过程等。总之，UML 是一个通用的标准建模语言，可以对任何具有静态结构和动态行为的系统进行建模。

本章要点

- 了解 UML 的发展历程和特点。
- 理解什么是 UML。
- 掌握 UML 中的 14 种图以及系统开发的 5 个阶段。

1.1 什么是 UML

UML 是一种能够描述问题、描述解决方案、起到沟通作用的语言。通俗地说，它是一种用文本、图形和符号的集合来描述现实生活中各类事物、活动及其之间关系的语言。

UML 是一种很好的工具，可以贯穿软件开发的整个周期，适用于数据建模、业务建模、对象建模和组件建模。UML 作为一种模型语言，它使开发人员专注于建立产品的模型和结构，而不是选用什么程序语言和算法实现。当模型建立之后，可以被 UML 工具转换成指定的程序语言代码。

1.2 UML 的发展历程

UML 起源于多种面向对象（Object Oriented，OO）建模方法，由 OMG 开发，目前已经成为工业标准。面向对象建模语言最早出现于 20 世纪 70 年代中期。在 1989—1994 年，其数量从不到 10 种增加到了 50 多种。各种语言的创造者努力推广自己的产品，并在实践中不断完善。但是，面向对象方法的用户并不了解不同建模语言的优缺点及相互之间的差异，因而很难根据应用特点选择合适的建模语言，于是爆发了一场"方法大战"。20 世纪 90 年代中期，出现了一批新方法，其中最引人注目的是 Booch 1993、OMT-2 和 OOSE 等。

面向对象软件工程的概念最早是由 Booch 提出的，他是面向对象方法最早的倡导者之一。后来，Rumbaugh 等人提出了面向对象的建模技术（OMT）方法，采用了面向对象的概念，并引入各种独立于语言的表示符。这种方法使用对象模型、动态模型、功能模型和用例模型共同完成对整个系统的建模，所定义的概念和符号可用于软件开发的分析、设计和实现的全过程，软件开发人员在开发过程的不同阶段不需要进行概念和符号的转换。OMT-2 特别适用于分析和描述以数据为中心的信息系统。

Jacobson 于 1994 年提出了 OOSE 方法，其最大特点是面向用例（Use Case），并在用例的描述中引入了外部角色的概念。用例是精确描述需求的重要武器，但用例贯穿于整个开发过程，包括对系统的测试和验证。OOSE 比较适合支持商业工程和需求分析。

此外，还有 Coad/Yourdon 方法，即著名的面向对象分析（OOA）/面向对象设计（OOD），它是最早的面向对象（OO）的分析和设计方法之一。该方法简单、易学，适合面向对象技术的初学者使用，但由于该方法在处理能力方面具有局限性，因此用得很少。

总结起来，首先，面对众多的建模语言，用户没有能力区别不同语言之间的差别，因此很难找到一种比较适合其应用特点的语言；其次，众多的建模语言实际上各有特色；最后，虽然不同的建模语言大多类同，但仍存在某些细微的差别，极大地妨碍了用户之间的交流。因此，需要统一建模语言。

1994 年 10 月，Grady Booch 和 Jim Rumbaugh 开始致力于这一工作。他们首先将 Booch 1993 和 OMT-2 统一起来，并于 1995 年 10 月发布了第一个公开版本，称之为统一方法 UM 0.8（Unitied Method）。1995 年秋，OOSE 的创始人 Jacobson 加入这一工作。经过 Booch、Rumbaugh 和 Jacobson 三人的共同努力，于 1996 年 6 月和 10 月分别发布了两个新的版本，即 UML 0.9 和 UML 0.91，并将 UM 重新命名为 UML。

1996 年，UML 的开发者成立了 UML 成员协会，以完善、加强和促进 UML 的定义工作。当时的成员有 DEC、HP、I-Logix、Itellicorp、IBM、ICON Computing、MCI Systemhouse、Microsoft、Oracle、Rational Software、TI 以及 Unisys。这一机构对 UML 1.0（1997 年 1 月）及 UML 1.1（1997 年 11 月 17 日）的定义和发布起到了重要的促进作用。

在美国，截至 1996 年 10 月，UML 获得了工业界、科技界和应用界的广泛支持，有 700 多个公司表示支持采用 UML 作为建模语言。1996 年年底，UML 已稳占面向对象技术市场的 85%，成为可视化建模语言事实上的工业标准。1997 年 11 月 17 日，OMG 采纳 UML 1.1 作为基于面向对象技术的标准建模语言。UML 代表了面向对象方法的软件开发技术的发展方向，具有巨大的市场前景，也具有重大的经济价值和国防价值。此后不断地对 UML 进行修订，并产生了 UML 1.2、1.3 和 1.4 版本。2000 年，UML 1.4 在语义上添加了动作语义的定义，使得 UML 规格说明在计算上更加完整。2005 年，UML 2.0 规范形成，定义了许多可视化语法，特别是元模型的定义，至此，融合早期最好思想的 UML 已经呈现在我们面前。到 2011 年 8 月，正式发布的版本已经是 UML 2.4.1 了。2015 年 6 月，UML 2.5 版本正式发布。

1.3　UML 的特点

标准建模语言 UML 的主要特点可以归结为以下 3 点：

- UML 统一了 Booch、OMT 和 OOSE 等方法中的基本概念和符号。
- UML 吸取了面向对象领域中各种优秀的思想，其中也包括非面向对象方法的影响。UML 符号表示考虑了各种方法的图形表示，删掉了很多容易引起混乱的、多余的和极少使用的符号，同时添加了一些新符号。因此，在 UML 中凝聚了面向对象领域中很多人的思想。这些思想并不是 UML 的开发者们发明的，而是开发者们依据最优秀的面向对象方法和丰富的计算机科学实践经验综合提炼而成的。
- UML 在演变过程中还提出了一些新的概念。在 UML 标准中新添加了模板（Stereotypes）、职责（Responsibilities）、扩展机制（Extensibility Mechanisms）、线程（Threads）、过程（Processes）、分布式（Distribution）、并发（Concurrency）、模式（Patterns）、合作（Collaborations）、活动图（Activity Diagram）等概念，并清晰地区分类型（Type）、类（Class）、实例（Instance）、细化（Refinement）、接口（Interfaces）和组件（Components）等概念。

因此，可以认为 UML 是一种先进实用的标准建模语言，但其中某些概念尚待实践来验证，UML 也必然存在一个进化过程。

1.4　UML 的组成

UML 主要由事物、图和关系组成。事物是 UML 的核心元素，关系把元素紧密联系在一起，图是很多有相互关系的事物构成的集合。

1.4.1　UML 中的事物

UML 包含 4 种事物：构件事物、行为事物、分组事物和注释事物。

1）构件事物

构件事物是 UML 模型的静态部分、描述概念或物理元素，它包括以下几种。

（1）类：类是对一组具有相同属性、相同操作、相同关系和相同语义的对象的抽象。在 UML 中，类用一个矩形表示，它包含 3 个区域，最上面是类名，中间是类的属性，最下面是类的方法。

（2）接口：接口是指为类或组件提供特定服务的一组操作的集合，因此，一个接口描述了类或组件的对外可见的动作。一个接口可以实现类或组件的全部动作，也可以只实现一部分。在 UML 中，接口用一个圆和它的名字表示。

（3）协作：协作描述了一组事物间的相互作用的集合。

（4）用例：用例用于描述一系列的动作，这些动作是系统对一个特定角色执行的。在模型中，用例是通过协作来实现的。在 UML 中，用例用一个实线椭圆和它的名字表示。

（5）构件：构件也称为"组件"，是物理上可替换的系统部分，它实现了一个接口集合。在一个系统中，可以使用不同种类的组件，例如 COM+ 或 Java Beans。

（6）节点：为了能够有效地对部署的结构进行建模，UML 引入了节点这一概念，它可以用来描述实际的 PC、打印机、服务器等软件运行的基础硬件。节点是运行时存在的物理元素，代表了一种可计算的资源，通常其有存储空间和处理能力。

此外，参与者、文档库、页表等都是上述构件事物的变体。

2）行为事物

行为事物是 UML 模型图的动态部分，描述跨越空间和时间的行为，主要包括以下两部分。

（1）交互：交互是指实现某功能的一组构件事物之间的消息的集合，涉及消息、动作序列、链接。

（2）状态机：状态机用于描述事物或交互在生命周期内响应事件所经历的状态序列。

3）分组事物

分组事物是 UML 模型图的组织部分，用于描述事物的组织结构，主要由包来实现。

包：把元素编成组的机制。

4）注释事物

注释事物是 UML 模型的解释部分，用来对模型中的元素进行说明、解释。

注解：对元素进行约束或解释的简单符号。

1.4.2　UML 中的关系

在 UML 中有 4 种关系：依赖（Dependency）、关联（Association）、泛化（Generalization）和实现（Realization）。

1）依赖

依赖是两个模型元素间的语义关系，其中一个元素（独立元素）发生变化会影响另一个元素（依赖元素）的语义。在图形上，把依赖画成一条可能有方向的虚线，偶尔在其上还带有一个标记，如图 1.1 所示。

(独立元素) ─ ─ ─ ─ ─ ─ ─ ─ → (依赖元素)

图 1.1　依赖

2）关联

关联指明了一个对象与另一个对象间的关系。在图形上，关联用一条实线表示，它可能有方向，偶尔在其上还有一个标记。例如，读者可以去图书馆借书和还书，图书管理员可以管理图书，也可以管理读者的信息，显然在读者、图书、管理员之间存在着某种联系。那么在用 UML 设计类图的时候，就可以在读者、图书、管理员三个类之间建立关联关系，如图 1.2 所示。

图 1.2　关联

3）泛化

泛化是一种一般化—特殊化的关系，是一般事物（父类）和该事物较为特殊的种类（子类）之间的关系，子类继承父类的属性和操作。除此之外，子类还能添加新的属性和操作。在图形上，把泛化关系画成带有空心箭头的实线，箭头指向父类，如图 1.3 所示。

（子类）　————————————▷　（父类）

图 1.3　泛化

4）实现

实现是类之间的语义关系，其中的一个类指定了另一个类必须执行的约定。在两种地方会遇到实现关系：一种是在接口和实现它们的类或构件之间，另一种是在用例和实现它们的协作之间。在图形上，把实现关系画成一条带有空心箭头的虚线，它是泛化和依赖关系两种图形的结合，如图 1.4 所示。

（实现）　- - - - - - - - - - - - - - -▷　接口

图 1.4　实现

1.4.3　UML 2.5 的图

UML 中的图是描述 UML 视图内容的图形。对比 UML 1.x，UML 2.0 增加了包图、组合结构图、交互概览图和定时图，UML 2.2 增加了概要图，一共有 14 种不同的图，通过它们的相互组合可以为被建模系统提供所有视图。UML 2.0 在可视化建模方面进行了许多改革和创新，可以描述现今软件系统中存在的许多技术，例如模型驱动架构（MDA）和面向服务的架构（SOA）。UML 2.5 中的 14 种图一一介绍如下。

1. 用例图

用例图从用户角度描述系统功能，并指出各功能的操作者。用例图是 UML 中最简单也是最复杂的一种图。说它简单是因为它采用了面向对象的思想，基于用户角度来描述系统，绘制非常容易，图形表示直观并且容易理解。说它复杂是因为用例图往往不容易控制，要么过于复杂，要么过于简单。用例图展示了一组用例、参与者以及它们之间的关系，如图 1.5 所示。

图 1.5　用例图

用例图中的主体内容（用例、参与者、关联）并没有变化。在 UML 1.x 中，只能用用例图所归属的包来表达一组用例的逻辑组织关系，即用用例在模型中所处的物理位置表达逻辑组织关系。在 UML 2.0 中，为每个用例增加了一个称为"Subject"的特征，这项特征的取值可以作为在逻辑层面划分一组用例的一项依据。用例所属的"系统边界"就是"Subject"的一种典型例子。

2. 类图

类图是 UML 面向对象中最常用的一种图，可以帮助我们更直观地了解一个系统的体系结构。通过关系和类表示的类图，可以图形化地描述一个系统的设计部分，如图 1.6 所示。

图 1.6　类图

3. 对象图

在面向对象中，对象图是类图的实例，使用与类图几乎完全相同的标识。它们的不同点在于对象图显示类的多个对象实例，而不是实例的类。由于对象存在生命周期，因此对象图只能在系统的某一时间段存在。

4. 状态机图

状态机图用于描述一个实体基于事件响应的动态行为,显示了该实体如何根据当前所处的状态对不同的事件做出响应, 如图 1.7 所示。

图 1.7　状态机图

5. 活动图

在面向对象中, 活动图记录了单个操作、方法的逻辑, 或者单个业务流程的逻辑, 描述系统中各种活动的执行顺序, 通常用于描述一个操作中所要进行的各项活动的执行流程。同时, 它也常被用来描述一个用例的处理流程, 或者某种交互流程。

活动图由一些活动组成, 图中同时包括了对这些活动的说明。当一个活动执行完毕之后, 将沿着控制转移箭头转向下一个活动。在活动图中还可以很方便地描述控制转移的条件以及并行执行等要求, 如图 1.8 所示。

图 1.8　活动图

活动图是一种比较常用的图, 接近于流程图。在 UML 2.0 中, 活动图增加了许多新特性, 例如, 泳道可以划分成层次、增加丰富的同步表达能力、在活动图中引入对象等特性。

6. 顺序图

顺序图描述了对象之间动态的交互关系, 主要体现对象之间进行消息传递的时间顺序。

顺序图由一组对象构成,每个对象分别带有一条竖线,称作对象的生命线,它代表时间轴,时间沿竖线向下延伸。顺序图描述了这些对象随着时间的推移相互之间交换消息的过程。消息用从一个对象的生命线指向另一个对象的生命线的水平箭头表示。图中还可以根据需要增加有关时间的说明和其他注释，如图1.9所示。

对于顺序图，UML 2.0 主要做了如下改进：

- 允许顺序图中明确表达分支判断逻辑，这样能够将以前要通过两幅图才能表达的意思通过一幅图就表达了，但这并不意味着顺序图擅长表达这种逻辑，因此并不需要在顺序图中展现所有的分支判断逻辑。
- 允许"纵向"与"横向"地对顺序图进行拆分与引用，这样就解决了以前一幅图由于流程过多而造成的幅面过大、浏览不方便的困难。

7. 通信图

在面向对象中，通信图显示了交互中各个对象之间的组织交互关系以及对象彼此之间的链接。与顺序图不同，通信图显示的是对象之间的关系，而且它没有将时间作为一个单独的维度，因此序列号就决定了消息及并发线程的顺序。通信图用带有编号的箭头来描述特定的方案，以显示在整个方案过程中消息的移动情况，而非交互的顺序，如图1.10所示。

图1.9　顺序图　　　　　　　　　　图1.10　通信图

8. 组件图

组件图也称为构件图，用于描述代码部件的物理结构及各部件之间的依赖关系。组件图有助于我们分析和理解部件之间的相互影响程度。从组件图中，可以了解各软件组件（如源代码文件或动态链接库）之间的编译器和运行时依赖关系。使用组件图可以将系统划分为内聚组件，并显示代码自身的结构，如图1.11所示。

图1.11　组件图

组件图是在物理层面对系统结构及内容的直观描述，最接近于通常意义上的模块结构图。

在 UML 2.0 中，组件图得到了显著改进，组件本身的内容描述更为清晰，组件所提供的接口、所要求的接口以及组件之间的依赖关系可以通过"组装连接器"（Assembling Connector）进行更加明确的表达。

9. 部署图

部署图也称为配置图，用于描述系统中硬件和软件的物理配置情况和系统体系结构。

在部署图中，用节点表示实际的物理设备，如计算机和各种外部设备等，并根据它们之间的连接关系，将相应的节点连接起来，并说明其连接方式。在节点里面，说明分配给该节点运行的可执行构件或对象，从而说明哪些软件单元被分配在哪些节点上运行，如图 1.12 所示。

图 1.12　部署图

10. 包图

包图展现模型要素的基本组织单元，以及这些组织单元之间的依赖关系，包括引用关系和扩展关系。在通用的建模工具中，一般可以用类图描述包图中的逻辑内容，如图 1.13 所示。

图 1.13　包图

11. 组合结构图

组合结构图用于描述系统中的某一部分（即组合结构）的内部内容，包括该部分与系统其他部分的交互点。这种图能够展示该部分内容内部参与者的配置情况。

组合结构图中引入了一些重要的概念，例如：端口（Port），它将组合结构与外部环境隔离，实现了双向的封装，既涵盖了该组合结构所提供的行为，同时也指出了该组合结构所需要的服务；协议（Protocol），它基于 UML 中的协作（Collaboration）的概念，展示那些可复用的交互序列，其根本目的是描述那些可以在不同上下文环境中复用的协作模式。协议中所反映的任务由具体的端口承担，如图 1.14 所示。

图 1.14　组合结构图

12. 定时图

定时图是一种可选的交互图，展示交互过程中的真实时间信息，具体描述对象状态变化的时间点以及维持特定状态的时间段。定时图是 UML 2.0 新增的建模图，实质上，它是一种特殊的顺序图。对一些实时性较强的系统功能进行建模时，可以选用定时图。

定时图是一个二维图，在纵轴方向，处在不同位置的水平线表示对象的不同状态；横轴用来表示时间，时间由左向右延伸。定时图包含的基本元素有对象、状态、表示状态的水平线、表示状态迁移的垂直线、表示时间的横轴和时间刻度，如图 1.15 所示。

图 1.15　定时图

13. 交互概览图

交互概览图（InteractionOverviewDiagram）与活动图类似，只是将活动图中的动作元素改为交互概览图的交互关系。如果概览图内的一个交互涉及时序，则使用顺序图；如果概览图中的另一个交互需要关注消息次序，则可以使用通信图。交互概览图将系统内单独的交互结合起来，并针对每个特定交互使用最合理的表示法，以显示出它们是如何协同工作来实现系统的主要功能的，如图 1.16 所示。

图 1.16　交互概览图

　　顺序图、通信图和定时图主要关注特定交互的具体细节，而交互概览图则将各种不同的交互结合在一起，形成针对系统某种特定要点的交互整体图。

14．概要图

　　概要图（Profile Diagram），又称外廓图，或者剖面图，是一种结构图，它通过定义自定义原型、标记值和约束来描述 UML 的轻量级扩展机制，用来辅助其他 UML 图。概要图不是一种传统的图表类型，而是一种用于为 UML 图表创建新语义的机制。创作者可以使用此功能来标记值和关键字，添加条件和约束，或者设计全新的 UML 元素，而不仅仅是 UML 图表绘制工具中通常可用的元素。

　　概要图中主要包含的元素有概要（profile）、元类（metaclass）、构造型（stereotype）等，元素之间的关系有引用（reference）、应用（application），还有 UML 中常用的泛化等关系。

　　概要图的基本示例如图 1.17 所示。

图 1.17　概要图

上述 14 种图可归纳为 5 类，如表 1.1 所示。

表 1.1　UML 图分类

类　　型	包　　含
静态图	类图、对象图、包图、组合结构图、概要图
行为图	状态机图、活动图
用例图	用例图
交互图	顺序图、通信图、定时图、交互概览图
实现图	组件图、部署图

从应用的角度看，当采用面向对象技术设计系统时，第一步是描述需求；第二步根据需求建立系统的静态模型，以构造系统的结构；第三步是描述系统的行为。其中，在第一步与第二步中所建立的模型都是静态的，包括用例图、类图、包图、对象图、组合结构图、组件图、部署图和概要图 8 个图形，是标准建模语言 UML 的静态建模机制。第三步所建立的模型或者可以执行，或者表示执行时的时序状态或交互关系，它包括状态机图、活动图、顺序图、通信图、定时图和交互概览图 6 个图形，是标准建模语言 UML 的动态建模机制。因此，标准建模语言 UML 的主要内容也可以归纳为静态建模机制和动态建模机制两大类。

1.5　UML 2.5 图的分类

UML 2.5 在 UML 2.4.1 的基础上进行了结构性的调整，简化和重新组织了 UML 规范文档。UML 规范被重新编写，使其"更易于阅读"，并且"尽可能减少前向引用"。

UML 2.5 发展了 UML 2.0 规范，并迅速成为建立软件系统可视化、规范、文档的标准。统一建模语言（UML）也被用于非软件系统的建模，并在金融、军事、工程等领域有着广泛应用。

在 UML 2.5.1 规范中，UML 图的类型有 14 种，比 UML 2.0 多了一种概要图，它们被分成两大类：结构建模图（Structure Diagram）和行为建模图（Behavior Diagram）。

1.5.1　结构建模图

结构建模图显示了系统及其各个部分在不同抽象层和实现层上的静态结构，以及它们如何相互关联。它们通常用来对那些构成模型的"要素"进行建模，比如类、对象、接口和物理组件。另外，它们也用来对元素间关联和依赖关系进行建模。

结构建模图分类如表 1.2 所示。

表 1.2　结构建模图分类

图　名	功　能	主要名词
包图（Package Diagram）	用来将模型划分成不同的逻辑容器或包，并在更高层次上描述它们之间的交互关系	包（Package），可封装的元素（Packageable Element），依赖（Dependency），元素导入（Element Import），包导入（Package Import），包合并（Package Merge）
类图（Class Diagram）	显示模型的静态结构，特别是模型中存在的类、类的内部结构以及它们与其他类的关系等	类（Class），接口（Interface），特性（Feature），约束（Constraint），关联（Association），泛化（Generalization），依赖（Dependency）
对象图（Object Diagram）	显示结构元素的实例间如何关联，以及在运行时如何使用	实例规范（Instance Specification），对象（Object），属性（Property），关联关系（Association）
组合结构图（Composite Structure Diagram）	提供了一种对元素结构进行分层的方法，并着重体现了元素内部的细节、结构、关系和行为	端口所需的接口（Required Interface）委托连接器（Connector Delegate）
组件图（Component Diagram）	又称为构件图，用来构造更高层次或更复杂的结构，通常由一个或多个类构成，并提供一个定义明确的接口	组件（Component），接口（Interface），提供的接口（Provided Interface），所需的接口（Required Interface），类（Class），端口（Port），连接器（Connector），工件（Artifact），组件实现（Component Realization），作用关系（Usage）
部署图（Deployment Diagram）	显示现实环境中重要物件的物理配置	部署（Deployment），工件（Artifact），部署目标（Deployment Target），节点（Node），设备（Device），执行环境（Execution Environment），通信路径（Communication Path），部署规范（Deployment Specification）
概要图（Profile Diagram）	作为 UML 标准的轻量级扩展机制的辅助图，它容许定义定制的原型、标记值和约束。概要文件容许对不一样的 UML 元模型进行调整	概要（Profile），概要类（Profile Metaclass），模板（Stereotype），概要扩展（Profile Extension），概要参考（Profile Reference），概要应用程序（Profile Application）

　　结构建模图并没有使用时间相关的概念，也没有显示动态行为的细节，但是它们可能会显示与结构图中展现的分类器行为的关系。

1.5.2　行为建模图

　　行为建模图显示了系统中对象的动态行为，可以将其描述为随着时间的推移对系统进行的一系列更改，并跟踪系统在真实环境下如何表现，以及观察系统对一个操作或事件的响应及其造成的结果。

　　行为建模图分类如表 1.3 所示。

表 1.3 行为建模图分类

图 名	功 能	主要名词
用例图（UseCase Diagram）	用来对用户/系统的交互关系建模。用脚本和情形的形式来定义行为、要求和约束。UML 2.4.1规范指出，用例图是类图的一个特例	用例（Use Case），参与者（Actor），主体（Subject），扩展（Extend），包含（Include），关联（Association）
活动图（Activity Diagram）	广泛用于定义基本程序的流程和一般化过程中，记录判断点和动作	活动（Activity），分区（Partition），行动（Action），对象（Object），控制（Control），活动传递（Activity Edge）
状态机图（State Machine Diagram）	对于了解模型执行时的瞬时状态，即模型的运行状态是重要的	行为状态（Behavioral State），行为转换（Behavioral Transition），伪状态（Pseudostate）
通信图（Communication Diagram）	显示协作实例中，对象间实时消息和通信的网络结构与顺序	生命线（Lifeline），消息（Message）
顺序图（Sequence Diagram）	与通信图联系紧密，并在垂直时间线上显示对象间消息传递的顺序	生命线（Lifeline），执行申明（Execution Specification），消息（Message），组合片段（Combined Fragment），交互使用（Interaction Use），状态不变式（State Invariant），销毁（Time Limit）
定时图（Timing Diagram）	融合顺序图和状态图，以提供观察对象随时间变化的状态和改变这个状态的消息	生命线（Lifeline），状态或情况时间表（State or Condition Timeline），销毁事件（Destruction Event），持续约束（Duration Constraint），时间限制（Time Limit）
交互概览图（Interaction Overview Diagram）	融合活动图和顺序图，使交互部分容易与判断点和流程结合	初始节点（Initial Node），流最终节点（Flow Final Node），活动最终节点（Activity Final Node），决策节点（Decision Node），合并节点（Merge Node），分叉节点（Fork Node），链接节点（Join Node），交互（Interaction），交互使用（Interaction Use），持续约束（Duration Constraint），时间限制（Time Limit）

1.6 系统开发阶段

系统开发共有 5 个阶段：需求分析、系统分析、系统设计、程序实现和测试阶段。

软件过程对于组织的重要性，就如同算法对子程序运行一般。合适的算法可以提高运行的效率，不合适的算法则不仅无法提高效率，还会浪费组织资源的使用率。软件开发过程涉及的是更为复杂的人、事、物,而算法则是纯粹的机器代码执行。

软件开发过程主要描述开发软件系统所涉及的相关活动,以及如何循序渐进地执行这些活动。不同的系统、组织及开发,其管理工具所采用的流程都有可能不同。例如,有些系统适合采用按部就班的方式,从分析、设计、实现、测试到移交逐步地进行;有些系统则适合采用反复循环的方式,不断地重复执行分析、设计、实现、测试等活动。

需求分析的主要内容是了解客户的需求、分析系统的可行性、分析需求的一致性及正确性等。

系统分析是根据在需求分析阶段建立的用户需求模型,进一步对系统进行分析,将用户需求转换为系统功能。在实际开发中,一般不存在系统分析这一个阶段,在需求分析阶段完成所有的分析。

系统设计是将需求转换为系统的重要过程,包含架构设计、模块间的接口设计、数据库设计、算法设计与数据结构设计等。许多软件工程师常会忽略规划的重要性,认为自己可以立即编写程序而不需要分析需求和撰写设计。此种做法对于软件系统而言,可能会造成种种问题。例如,如果没有架构设计,就会缺乏整体性的思考,系统可能因此而无法满足接口需求以及非功能性的需求(如性能、可维护性等);还可能会因为忽略事先的规划与分析而造成重复工作;等等。

程序实现指的是通过程序语言,将所设计的内容转化为可以执行的软件系统。除错是实现活动中不可避免的工作,主要是修改程序编写过程中产生的错误。除此之外,单元测试通常也会在实现阶段进行,目的是要确认单元程序代码的正确性。当程序有错误时,需要进行除错,将错误排除。

测试是对实现的程序代码模块进行检测,检验其功能是否正确、性能是否符合要求。一般而言,测试可以分为单元测试、集成测试、系统测试与验收测试。

- 单元测试:测试单元模块功能是否能正常运行。
- 集成测试:测试模块或子系统的接口集成是否能正常运行。
- 系统测试:测试系统的整体性能、安全性、稳定度等非功能性需求是否符合预期目标。
- 验收测试:测试系统的整体性能是否符合使用者的要求。

软件系统的特性之一就是需求会经常发生变动,许多系统每隔半年甚至两三个月就会改版。软件维护的目的是要确保已经发行的软件系统可以持续满足客户的需要。一般而言,维护可以有如下几种情况:修复错误、增加或变更功能,以及因为平台改变所做的调整。

1.7　小　　结

UML 是一种遵循特定规则的建模语言,它允许创建多种模型,但不指定设计者应创建哪些模型,也不提供具体的开发流程。作为一种可视化的图形语言,UML 用于系统构建或理解系统结构。

UML 的组成共包括 3 部分:事物、图和关系。事物是 UML 的核心元素,关系把事物紧密联系在一起,图是很多具有相互关系的事物构成的集合。

UML 中的事物主要有类、接口、用例、组件、节点、消息、连接、状态、事件、活动等。UML 2.5 中的图有 14 种,通过它们的相互组合可以为被建模系统提供所有视图。这 14 种图分为两大类:结构建模图,包括包图、类图、对象图、组合结构图、组件图、部署图和概要图;行为建模图,包括用例图、活动图、状态机要图、通信图、顺序图、定时图、交互概览图。

1.8 习　　题

1. UML 的事物有哪些?
2. UML 的关系有哪些?
3. UML 的图有哪些?其中哪些是静态图?哪些是动态图?
4. 为什么要学习 UML?
5. 简述什么是 UML?
6. 在 Internet 上查询 UML 图的知识,写出你自己关于 UML 的认识和体会。

第 2 章

面向对象技术和
建模基础

本章导读

面向对象技术强调在软件开发过程中面向客观世界或问题领域中的事物,采用人类在认识客观世界的过程中普遍运用的思维方法,直观、自然地描述客观世界中的有关事物。本章主要介绍面向对象的基本概念,这些概念也是系统建模的基础。使用 UML 可以建立易于理解和使用的对象模型,这样可以方便程序设计者根据模型实现对应的软件。

本章要点

● 理解面向对象的相关概念。

● 掌握面向对象的特征。

● 了解面向对象开发的相关技术和过程。

2.1 面向对象的基本概念

在学习面向对象程序设计之前,一般都会学习面向过程的程序设计。面向过程的程序设计是按流程化的思想来组织的,将通常将存放基本数据类型的变量作为程序处理对象,将变量的赋值作为程序的基本操作,变量值的改变作为程序运行的状态。这种程序设计风格存在着数据抽象简单、信息完全暴露、算法复杂、无法很好地描述客观世界等缺点。在程序设计过程中,为了实现有限度的代码重用,公共代码被组织成为过程或函数即可。当需要代码重用时,调用已经组织好的过程或函数即可。在这种应用方式中,如果软件项目庞大,那么程序的调试和维护将变得异常困难。

而面向对象的程序设计思想是将数据以及对于这些数据的操作，封装在了一个单独的数据结构中。在这里，所有的对象都同时拥有属性以及与这些属性相关的行为。对象之间的联系是通过消息来实现的，消息是请求对象执行某一处理或回答某些信息的要求。某个对象在执行相应的处理时，可以通过传递消息请求其他对象完成某些处理工作或回答某些消息。其他对象在执行所要求的处理活动时，同样可以通过传递消息和另外的对象联系。因此，一个面向对象程序的执行是通过在对象间传递消息来完成的。

面向对象程序设计是一种新兴的程序设计方法，或者说是一种新的程序设计规范，它使用对象、类、继承、封装、消息等基本概念来进行程序的设计。从现实世界中客观存在的事物（即对象）出发来构建软件系统，同时尽可能地模仿人类的自然思维方式。开发一个软件是为了解决某些问题，而这些问题所涉及的业务范围被称为该软件的问题领域。面向对象程序设计的应用领域不限于软件开发，还广泛应用于计算机体系结构和人工智能等领域。

使用 UML 进行系统建模时，首先必须弄清楚什么是对象，在系统的分析与设计过程中如何利用对象。

2.1.1　面向对象方法

软件开发工程师们经常会遇到这样的情况：在软件开发过程中，客户会不断地提出各种修改要求，即使在软件投入使用后，也仍需对其做出修改。在用结构化开发的程序中，这种修改往往是很困难的，并且由于计划或考虑不周，不仅使得旧错误没有得到彻底改正，还引入了新的错误。此外，在过去的程序开发中，代码的重用率很低，使得程序员的开发效率并不高。为了提高软件系统的稳定性、可修改性和可重用性，人们在实践中逐渐创造出软件工程的一种新途径——面向对象方法。

面向对象方法的出发点和基本原则是尽可能模拟人类习惯的思考问题的方式，使软件开发的方法与过程尽可能接近人类认识世界、解决问题的方法与过程。由于客观世界的问题都是由客观世界中的实体及实体相互间的关系构成的，因此我们把客观世界中的实体抽象为对象。也就是说，"面向对象"是一种认识客观世界的世界观，是从结构组织角度模拟客观世界的一种方法。

根据上述可知，面向对象所带来的好处是程序的稳定性与可修改性（把客观世界分解成一个一个的对象，并且把数据和操作都封装在对象的内部）、可重用性（通过面向对象技术，不仅可以重用代码，而且可以重用需求分析、设计、用户界面等）。

面向对象方法具有以下几个要点：

（1）客观世界是由各种对象组成的，任何事物都是对象，复杂的对象可以由比较简单的对象以某种方式组合而成。按照这种观点，可以认为整个世界就是一个最复杂的对象。因此，面向对象的软件系统是由对象组成的，软件中的任何元素都是对象，复杂的软件对象由比较简单的对象组合而成。

（2）把所有对象都划分成各种对象类，每个对象类都定义了一组数据和一组方法，数据用于表示对象的静态属性，是对象的状态信息。因此，每当建立该对象类的一个新实例时，就按照类中对数据的定义为这个新对象生成一组专用的数据，以便描述该对象独特的属性值。

例如，在屏幕上的不同位置显示的半径不同的几个圆，虽然都是 Circle 类的对象，但是，它们各自都有自己专用的数据，以便记录各自的圆心位置、半径等。

类中定义的方法，是允许施加于该类对象上的操作，是该类所有对象共享的，并不需要为每个对象都复制操作的代码。

（3）按照子类与父类的关系，把若干个对象类组成一个层次结构的系统。

（4）对象彼此之间仅能通过传递消息进行联系。

2.1.2　对象

对象是面向对象的基本构造单元，是系统中用来描述客观事物的一个实体，一个对象由一组属性和对属性进行操作的一组方法组成。

对象不仅能表示具体的实体，也能表示抽象的规则、计划或事件。主要有如下的对象类型：

（1）有形的实体：指一切看得见、摸得着的实物。如汽车、书、计算机、桌子、鼠标、机器人等，都属于有形的实体，也是最易于识别的对象。

（2）作用：指人或组织，如医生、教师、员工、学生、公司、部门等所起的作用。

（3）事件：在特定时间所发生的事，如飞行、事故、中断、开会等。

（4）性能说明：制造厂或企业往往会对产品的性能进行全面的说明，例如车厂在对车辆的性能进行说明时，通常要列出型号及各种性能指标。

对象不仅能表示结构化的数据，而且也能表示抽象的事件、规则以及复杂的工程实体，这是结构化方法所不能做到的。因此，对象具有很强的表达能力和描述功能。

总之，在面向对象的系统中，对象是一个封装数据属性和操作行为的实体。数据描述了对象的状态；操作指的是操作私有数据，改变对象的状态。当其他对象向本对象发出消息，本对象响应时，其操作才得以实现。在对象内的操作通常叫作方法。

对象具有如下特征：

1）模块性

模块性指的是对象是一个独立存在的实体。从外部可以了解它的功能，其内部细节是"隐蔽"的，不受外界干扰，对象之间的相互依赖性很小。因此，模块性体现了抽象和信息的隐蔽。它使得一个复杂的软件系统可以通过定义一组相对独立的模块来完成，这些独立模块之间只需交换一些为了完成系统功能所必须交换的信息即可。当模块内部的实现发生变化而导致必须修改程序时，只要对外接口操作的功能不变，就不会给软件系统带来影响。

2）继承

继承是将已有的定义作为基础来建立新的定义，而不必重复定义它们。

例如，汽车具有车型、颜色和出厂日期等属性，其子类吉普车、轿车及卡车都继承了这些属性。

3）动态连接性

各个对象之间是通过传递消息来建立连接的。消息传递机制是面向对象语言的共同特性，其含义是将一条发送给一个对象的消息与包含该消息的对象连接起来,从而使得增加新的数据类型不需要改变现有的代码。

2.1.3　类

一个类定义了一组大体上相似的对象。一个类所包含的方法和数据描述一组对象的共同行为和属性。例如,窗口、车轮、玻璃等都是类的例子。类是在对象之上的抽象。有了类以后,对象就成了类的具体化,是类的实例。类可以有子类和父类,形成层次结构。

类是对事物的抽象,它不是个体对象,而是描述一些对象的完整集合。

例如,我们可以把 CPU 看作对象类,它具有 CPU 的共同属性,如主频、指令集、Cache 容量、运算位数、功率等;也可以考虑 CPU 的某个具体实例,如"Intel 的 P4 处理器"。

把一组对象的共同特性加以抽象并储存在一个类中,是面向对象技术最重要的一点;是否建立了一个丰富的类库,是衡量一个面向对象程序设计语言成熟与否的重要标志。

类是静态的,类的语义和类之间的关系在程序执行前就已经定义好了,而对象是动态的,对象是在程序执行时被创建和删除的。

如图 2.1 所示的是类的例子,其中类的名字是 Book,该类有 9 个属性(b_id、b_name、t_id、p_id、author、isbn、r_date、price、quantity),7 个方法(add、delete、update、querybyname、querybypid、querybyauthor、queryall)。

Book
- b_id: String - b_name: String - t_id: String - p_id: String = "清华大学出版社" - author: String - isbn: String - r_date: java.util.Date = 今天日期 - price: Double = 0 - quantity: int = 1
+ add() + delete() + update() + querybyname() + querybypid() + querybyautor() + queryall()

图 2.1　图书类

类是对具有相同属性和行为的一组相似的对象的抽象,在现实世界中并不能真正存在。在地球上并没有抽象的"中国人";同理,也没有抽象的"圆"。

实际上类是建立对象时使用的模板,按照这个模板所建立的一个个具体的对象,就是类的实际例子,通常称为实例。实例和对象很相似,在 UML 中,会经常使用实例这个术语。实例的概念比较广泛,不仅仅是类有实例,其他建模元素也有实例。例如,类的实例是对象,而关联的实例就是链。

一般地，实例就是由某个特定的类所描述的一个具体的对象。

2.1.4 封装

封装（Encapsulation）就是把一个对象的方法和属性组合成一个独立的单位，同时最大限度地隐藏对象的内部细节和实现机制，只对外提供一个可访问的接口。例如，图 2.1 中的 Book 类就反映了类的封装性，在 Book 类中，将属性（如 b_id、b_name 等）和方法（如 add()、delete() 等）进行了组合，对外只提供了 Book 类的一些属性和方法，而方法的具体实现过程是隐藏的。

在访问类的时候，根据其封装的特点，提供了 4 种访问控制级别：

（1）public：公有访问。最高一级的访问，所有的类都可以访问。
（2）protected：受保护的。只有同一个包中的类或者子类可以进行公开访问。
（3）private：私有访问。最低一级的访问，只能在对象的内部访问，不对外公开。
（4）default：默认的。属于当前目录（包）下的类都可以访问。

因此，在对属性和方法进行访问时，就需要知道其访问的控制级别，否则是不能使用的。实质上，封装包含了两层含义：一层是把对象的全部属性和方法结合在一起，形成一个不可分割的独立单位，对象的属性（除了公有访问的属性）只能由这个对象的方法来存取；二是最大限度地隐藏对象的内部实现细节，与外部的联系只能通过外部接口来实现。

封装将类的信息进行了隐藏，使得类彼此相对独立，对于一个类，可以只考虑其对外所提供的接口（即有什么功能，能做什么），而不需要注意其内部实现的细节（即这些功能是如何实现的）。例如，在图 2.1 所示的 Book 类中，提供了图书信息的增加、删除、修改以及查询等功能，也就是说，可以使用 Book 类对图书信息进行增加、删除、修改和查询操作，但这些操作的内部实现是隐藏的。

将类进行封装，使得对象以外的部分不能随意对对象的内部属性和方法做出修改，从而有效地避免了外界产生的错误对其造成的影响，极大地降低了查错和排错的难度。此外，当对对象的内部实现做修改时，由于对象只是通过一些外部的接口对外提供服务，因此也减小了其内部的修改对外界所造成的影响。

封装机制将对象的开发者和使用者进行分离，使用者不需要知道对象的具体实现细节，只需要使用开发者提供的外部接口，就可以使用对象提供的功能。因此，封装的结果实际上是将对象的复杂实现进行了隐藏，并提供了代码的可重用性，从而降低了软件开发的难度。

综上所述，封装的最大优点是：

（1）方便了使用者对类和对象进行操作，并降低了使用者错误修改其属性的可能性。
（2）体现了系统之间的松散耦合关系，并提高了系统的独立性。
（3）提高了程序的复用性。
（4）针对大型的开发系统，降低了开发风险。即使整个系统开发失败，一些相对独立的子系统仍然存在可用价值。

总之，系统的封装性越高，相对独立性就越强，并且使用也越方便。

2.1.5 继承

在客观世界中，事物不仅有共性，还有其独特性。如果仅关注事物的共性而忽略其特性，就无法体现事物间存在的层次结构，也难以准确、全面、详尽地描述客观世界。在分析客观世界的事物时，如果先暂时忽视它们的独特性，专注于提取共性，便能得到一个概括某类事物集合的抽象类。基于这个抽象类，进一步考虑在抽象过程中被忽略的独特性，通过添加这些特性，便可形成一个新的类。这个新类继承了前一个类的所有特征，并作为其子集存在，从而在两个类之间建立起层次结构，即继承（Inheritance）关系。

继承是一种一般类与特殊类的层次模型。继承性是指特殊类的对象不仅具有其一般类的属性和方法，还增加了自己的特殊属性和方法。继承意味着在特殊类中不用重新定义在一般类中已经定义过的属性和方法，特殊类可以自动地、隐含地拥有其一般类的属性与方法。继承体现了类之间代码的重用性特点，提供了一种明确表达共性的方法。对于一个特殊类，它既有自己新定义的属性和方法，还有从一般类中继承下来的属性和行为。尽管继承下来的属性和行为是隐藏的，但无论在概念上还是在实际使用效果上，都是这个类的属性和行为。当这个特殊类又被它更下层的特殊类继承时，它继承来的和自己定义的属性和方法又被下一层的特殊类继承下去。因此，继承具有传递性，体现了客观世界中特殊与一般之间的关系。

在继承中，需要明确这样两个概念：子类和父类。

● 子类：指的是通过继承创建的新类，又称为"派生类"。
● 父类：指的是被继承的类，又称为"基类"或"超类"。

继承是一个从通用到特定的过程，它为父类与子类之间的数据和方法共享提供了一种机制。通过继承，可以表达类之间的关系，允许在定义一个新类时，基于一个已存在的类（父类）来构建，继承父类的属性和方法，并在此基础上添加新的特性。图 2.2 表示了父类 A 和它的子类 B 之间的继承关系，箭头从子类 B 指向父类 A。子类 B 由继承部分（C）和增加部分（D）组成。

图 2.2　继承

继承性分为单重继承和多重继承两类。

● 单重继承：指的是一个子类只有一个父类。
● 多重继承：指的是一个子类可以有多个父类。

单重继承和多重继承时父类和子类之间的关系如图 2.3 所示，其中（a）表示的是单重继承，（b）表示的是多重继承。

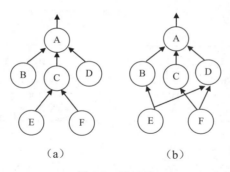

图 2.3　继承性

单重继承所表示的类之间的关系类似一棵树，如图 2.3（a）所示。每个类都只有一个父类，如类 A 是最顶层的父类，类 B、C 和 D 是类 A 的子类，而类 C 又是类 E 和 F 的父类。多重继承所表示的类之间的关系比单重继承复杂，一个类可以有多个父类对应，如图 2.3（b）中的类 E 和 F，其中类 E 的父类是类 B 和 D，而类 F 的父类是类 C 和 D。

此外，继承关系是可传递的，如图 2.3（a）中的类 F 继承类 C，而类 C 继承类 A，因此类 F 也继承了类 A，所以类 F 是类 A 的间接子类，类 C 则是类 A 的直接子类。

在软件开发过程中，继承性体现的是软件模块的可重用性和独立性，可以缩短软件的开发周期，提高软件的开发效率，并为日后的维护和修改提供了便宜。因为如果要修改某个模块的功能，只需在相应的类中进行一些变动，它派生的所有类都会自动地、隐含地做出相应的改动。

综上所述，继承真实地反映了客观世界中事物的层次关系，通过类的继承，能够实现对问题的深入抽象描述，反映出事物的发展过程。继承性是面向对象程序设计语言不同于其他语言的最主要的特点。

2.1.6　多态

客观世界的事物具有特性，能够以不同的形态存在，在面向对象程序设计中也参考了客观世界的多态性特点。

也就是说类具有多态性（Polymorphism），它体现在不同的对象收到相同的消息后，可以产生多种不同的行为方式。多态性使得同一个属性或行为在父类及其各派生类中可以具有不同的语义。例如，在一般类"几何图形"中定义了"计算图形面积"的行为，但是这些行为并不具备具体的含义，也就是说，还不确定要计算什么几何图形的面积。根据一般类再定义特殊类，如"矩形""正方形""圆"和"梯形"等，它们都继承了父类"几何图形"的"计算图形面积"的行为，因此自动具有了"计算面积"的功能，但每个特殊类的功能却不一样，例如矩形类是要计算矩形的面积，正方形类使用计算正方形的面积。当计算面积的消息发出后，矩形、正方形等类的对象接收到这个消息后就会执行不同的计算面积函数，如图 2.4 所示。

图 2.4 多态

具体来说，多态性是指类中同一函数名对应多个功能相似的不同函数，可以使用相同的调用方式来调用这些具有不同功能的同名函数。这些同名函数具有不同的参数的个数或者类型，当进行调用的时候，根据所传的数据选定相应的函数，从而去执行不同的功能。

在面向对象程序设计中，通过继承性和多态性的结合，可以生成许多名称类似但是功能却各不相同的对象。根据继承性的特点，这些对象共享一些相似的特征，并显出自己的特性；根据多态性，针对相同的消息，不同对象可以具有特殊的表现形式，实现个性化的设计。

2.1.7 消息

在面向对象程序设计中，对象之间是靠什么来传递数据的呢？对象之间是通过消息进行通信的，多个对象之间通过传递消息来请求或提供服务，从而使一个软件具有更强大的功能。

在面向对象系统中，将"请求"或"命令"抽象为"消息"。当系统内的一个对象需要另一个对象执行某项服务时，它会向该对象发送一条消息。接收消息的对象解析该消息并对请求做出响应，执行相应的服务。发送消息的对象通常称为发送者，而接收并处理消息的对象称为接收者。通常，一个消息由以下几部分组成：

- 提供服务的对象名。
- 服务的标识，即方法名。
- 输入信息，即实际参数。
- 响应结果，即返回值或操作结果。

消息是实现对象之间通信的一种机制，一个对象可以接收不同形式的多个消息，并产生不同的结果；相同形式的消息可以发送给不同的对象，并产生不同的结果；在发送消息的时候可以不考虑具体的接收者，对象可以对消息做出响应，也可以拒绝消息，也就是说不是必须对消息做出响应。

2.2　面向对象开发

面向对象方法具有很强的类的概念，因此它能很直观地模拟人类对客观世界的认识方式，这样也就能模拟人类在认知过程中由一般到特殊的演绎或由特殊到一般的归纳功能。前面介绍的类的概念既能够反映出对象的本质属性，又提供了实现对象共享机制的理论根据。

如果遵照面向对象方法的思想进行软件系统的开发，过程可分成以下 4 个阶段：

1）系统调查和需求分析，分析问题并求解

对用户的开发需求以及要开发的系统所面临的问题进行调查和研究。针对复杂的问题领域，抽象出对象及其属性和方法。这一个阶段通常称为面向对象分析（OOA）。

2）整理问题：对第一阶段的结果进行进一步抽象和归类整理

对每一部分分别进行具体的设计，首先是类的设计。类的设计可能包含多个层次（利用继承、派生）。然后在这些类的基础之上提出程序设计的思路和方法，以及对算法的设计。在设计阶段，不涉及某一种具体的计算机语言，而是用一种更通用的描述工具进行描述，这个阶段即为面向对象设计（OOD）。

3）程序实现

利用面向对象的程序设计语言，进行系统的具体实现，即面向对象编程（OOP）。

4）系统测试

系统开发好后，在交付用户使用前，必须对程序进行严格的测试。测试的主要目的是发现程序中的错误，并进行改正，使得系统更健壮。测试时，采用面向对象的方法，以类作为测试的一个基本单元。这个阶段称为面向对象测试（OOT）。

2.2.1 系统调查和需求分析

面向对象的系统调查和需求分析主要是提取系统的需求，也就是分析出为了满足用户的需求，系统必须做什么（系统能提供的功能），而不是怎么做（系统如何实现）。

1）分析过程概述

在进行系统调查和需求分析阶段，系统分析员要对需求文档进行分析。通过分析可以发现并修正需求文档中的歧义性和不一致性，剔除那些冗余内容，挖掘系统中应该存在的潜在内容，弥补系统中的不足，从而使需求文档更完整和准确。

对需求文档进行了分析和整理后，为了给面向对象分析过程提供依据，需要进行需求建模。这时系统分析员根据提取的用户需求进行深入理解，识别出问题领域内的对象，并分析对象之间的关系，抽象出目标系统需要完成的任务，这样就可以利用 OOA 模型准确地表示出来，即用面向对象观点建立对象模型、动态模型和功能模型。

经过需求的分析和建模后，对所获得的需求进行评审。通过用户、领域专家、系统分析员和系统设计人员的评审，并进行反复修改，最终确定目标系统的需求规格说明。

2）实例需求文档

需求文档也叫需求陈述或问题陈述。对于任何一个需要开发的系统，需求陈述都是其首要任务，因为系统最终是要由用户使用的。需求文档主要是陈述用户的需求，即系统应该"做什么"，而不是"怎么做"，换言之就是系统要完成什么任务，而不是用什么方法解决问题。

在进行需求陈述时，必须清楚地定义所要解决问题的目标。如果目标模糊，将会影响整个系统分析、设计和实现等后续开发阶段的所有工作。也就是说,需求质量的好坏直接影响到整个系统的质量。因此,需求陈述是很关键的过程,如果想准确地表达用户的要求,在对需求进行陈述时就需要分析人员和用户一起研究和讨论。

2.2.2 面向对象分析方法

面向对象的分析方法指的是按照面向对象的概念和方法,在对任务的分析中,根据客观存在的事物以及事物之间的关系,归纳出相关的对象,包括对象的属性、行为以及对象之间的联系,并将具有共同属性和行为的对象用一个类来表示。

通过面向对象的分析,建立一个能反映真实工作情况的需求模型。在这个阶段所形成的模型只是一个比较粗略的模型。面向对象分析所强调的是在系统调查资料的基础上对对象进行归类分析和整理。

使用面向对象分析方法对系统调查和需求分析进行分析和处理时,一般要遵循前面讲述的抽象、封装、继承、消息通信等原则。

在使用面向对象分析具体地分析一个事物时,一般有如下 3 个阶段:

1)识别并筛选对象

按照对象的定义,对象应该是实际问题领域中有意义的个体或概念实体。对象具有目标软件系统所关心的属性,并且应该以某种方式与系统发生关联,即对象必须与系统中其他有意义的对象进行消息传递,并提供外部服务。

通过对用户需求分析文档的分析可以找出所有的名词或名词短语,然后合并同义词,它们极有可能成为对象。需要除去具有动作含义的名词,因为这些词将被描述为对象的操作而不是对象本身。

2)标识对象的属性

属性是对问题领域中对象性质的一个描述,对象在系统中所有可能的状态就是属性的取值。对象一般具有很多属性,但在分析阶段就要分析出对象的哪些属性是和系统紧密相关的。

在问题领域中,如何能够识别出对象的哪些属性是有意义的呢?要识别出所关心的潜在属性,需要对问题领域涉及的知识进行深刻的理解。

在识别属性的过程中,对于问题领域中的某个实体,不但要求其取值有意义,而且它本身在系统中必须是独立存在的。这时应该将该实体作为一个对象,而不能作为另一对象的属性。此外,为了保持需求模型的简洁性,一般将省略对象的一些导出属性。例如,"年龄"可通过"出生日期"和系统当前时间导出,因此,不应该将"年龄"作为人的基本属性。

3)识别对象的行为

对象的行为可以简单地理解为对象对外提供的所有的功能。例如,在面向对象模型中,一个对象要处理另一对象的请求、查询或命令,即响应外部的事件,就要完成某项操作,这种操作将改变对象自身的属性值或系统的状态,这些都是对象的行为。当对象受到外部事件的刺激或接收另一个对象传来的消息后,为完成某项操作,响应外部事件,该对象可能又需要向其他对象发送消息。因此,我们可以把整个系统看作对象之间的相互通信,以及在通信过程中引发的动作。

一般可以将对象的行为分为以下 3 类：

（1）对象生命周期中的创建、维护、删除行为。例如，图书管理系统中的图书信息的创建、删除和修改等行为。

（2）计算性行为。典型的计算性行为包括：利用基本的对象属性值计算出派生出的属性值，以及为了响应其他对象的请求而完成某些数据处理功能，并将结果返回。这类计算性行为往往完成的是数据处理功能，即对象提供的外部的计算性行为。因此，分析人员可以在定义对象的外部行为时，针对其他对象发出的消息请求提取计算性行为。

（3）监视性行为或称响应行为。为了提取对象的响应行为，分析人员需要对对象的主要状态进行定义。对于每一个状态，列出可能的外部事件、预期的反应，并进行适当的精化。例如，"图书"对象的状态可以为借出、库存等，每一状态可处理的事件及预期反应可以表示为响应行为。

2.2.3　面向对象设计方法

面向对象的设计方法是面向对象方法中的一个过渡环节，其主要作用是对面向对象分析的结果进行规范化整理，以便为面向对象程序设计阶段打下基础。在面向对象设计的过程中，主要有如下 3 个阶段：

1）精化对象的定义规格

对于面向对象分析所抽象出来的对象和类以及在分析过程中产生的分析文档，在面向对象设计过程中，根据设计要求对其进行整理和精化，使之更能符合面向对象程序设计的需要。整理和精化的过程主要包括两个方面：一个是根据面向对象的概念模型，整理分析所确定的对象结构、属性和方法等内容，纠正错误的内容，删去不必要和重复的内容等；另一个是进行分类整理，这样便于下一步进行数据库和程序处理模块设计。整理的方法主要是归类，即对类和对象、属性、方法和结构等进行归类。

2）数据模型和数据库设计

数据模型的设计是对系统中的类和对象的属性、方法等内容的确定，以及对消息连接的方式、系统访问数据模型的方法等内容的确定。最后将每个对象实例化数据都映射到面向对象的库结构模型中。

3）优化

面向对象设计的优化过程是从另一个角度对分析结果和处理业务过程的整理归纳，包括对象和结构的优化、抽象化与集成化。对象和结构的模块化是面向对象设计提供的一种范式，支持对类和结构进行模块化处理。集成化则确保了各个组件能有机地结合在一起，实现相互支持。

2.3　软件建模概述

模型为系统提供了一份蓝图,既可以细化到具体的计划,也可以概括为高层次的总体规划。一个有效的模型应该包括那些具有广泛影响的关键元素,同时省略与给定抽象层级无关的细节。每个系统都可以通过不同的模型从多个角度进行描述,因此每个模型都是对系统的一个语义完整的抽象表示。模型可以是结构性的,着重描述系统的组织结构;也可以是行为性的,关注系统的动态过程。

建模是为了能够更好地理解正在开发的系统。通过建模,要达到如下 4 个目的:

- 模型有助于按照实际情况或所需要的样式对系统进行可视化。
- 模型能够规约系统的结构或行为。
- 模型给出了指导构造系统的模板。
- 模型对做出的决策进行文档化。

2.3.1　软件建模的概念

模型对现实存在的实体进行抽象和简化,提供了系统的蓝图。模型过滤了非本质的细节信息,使问题更容易理解。抽象是一种允许我们处理复杂问题的方法。为了建立复杂的软件系统,我们必须抽象出系统的不同视图,使用精确的符号建立模型,验证这些模型是否满足系统的需求,并逐渐添加细节信息把这些模型转变为实现。这就是软件建模。这样的一个过程就是软件模型形成的过程,软件建模是捕捉系统本质的过程,是把问题领域转移到解决领域的过程。

软件建模是开发优秀软件的一个核心工作,其目的是把要设计的结构和系统的行为联系起来,并对系统的体系结构进行可视化和控制。可视化的建模使用一些图形符号进行,可视化建模可以捕捉用户的业务过程,可以作为一种很好的交流工具,可以管理系统的复杂性,可以定义软件的架构,还可以增加软件的重用性。

2.3.2　软件建模的用途

随着软件日益庞大且功能日渐复杂,软件开发的复杂性也在不断增加,变得更难以管理。面对这种复杂性,分层理论成为一种高效的解决方案,即通过将复杂问题分解为多个较小的、更易管理的问题来逐个解决。软件建模正是应用这一理论的实践,通过对复杂问题进行层次化分解,从而更有效地寻找解决方案。这也是进行软件建模的主要原因。有效的软件模型不仅有利于工作分配和专业化生产,还能降低生产成本。软件建模技术的使用有助于减轻软件的复杂度,提前预见软件的发展方向,以及促进设计人员与开发人员之间的沟通。对于软件专业人员而言,模型的重要性就如同工程师的图纸一样不可或缺。然而,当前软件模型在软件工程中的重要性还未能完全达到工程图纸在其他工程领域中的地位。

2.3.3　软件建模的优点

软件建模的优点主要有如下几点:

- 可以从整体上、宏观上把握问题，以便更好地解决问题。
- 可以加强软件工作人员之间的沟通，便于提早发现问题。
- 模型为代码生成提供依据，帮助我们按照实际情况对系统进行可视化。
- 模型允许我们详细说明系统的结构或行为，给出了一个指导我们构造系统的模板，并对我们做出的决策进行文档化。

2.4 小　　结

面向对象程序设计是一种新兴的程序设计方法，也可以说是一种新的程序设计规范，它使用对象、类、继承、封装、消息等基本概念来进行程序设计。在面向对象方法中需要明确什么是对象、类，以及类的相关特征。

对象是面向对象的基本构造单元，是系统中用来描述客观事物的一个实体。一个对象由一组属性和对属性进行操作的一组方法组成。一个类定义了一组大体上相似的对象，类所包含的方法和数据描述一组对象的共同行为和属性。

在早期阶段，软件开发所面临的问题一般比较简单，从任务分析到编写程序，再到程序的调试，难度都不是太大，可以由一个人或一个小组来完成。随着软件规模的迅速增大，软件人员面临的问题变得十分复杂，需要考虑的因素很多，需要规范软件的整个开发过程，明确软件开发过程中每个阶段的任务，在保证前一个阶段的正确性的情况下，再进行下一个阶段的工作。这就是软件工程学需要研究和解决的问题。

面向对象的软件工程一般包括面向对象分析、面向对象设计、面向对象编程和面向对象测试4个阶段。如果要设计一个大规模的软件，就要严格按照面向对象软件工程的4个阶段进行开发；如果所处理的是一个比较简单的问题，可以不必严格按照以上4个阶段进行，往往由程序设计者按照面向对象的方法进行程序设计，包括类的设计和程序的设计。

2.5 习　　题

1. 什么是对象，具有什么特征？
2. 简述面向对象的开发过程。
3. UML 在面向对象开发过程中起到的作用是什么？
4. 什么是建模，有什么优点？
5. 什么是面向对象技术？

第 3 章

UML 建模工具简介

本章导读

随着 UML 的提出与发展，建模工具也越来越多，每一个软件开发者都希望能从众多的工具中找到这样一款建模工具——不仅拥有自己所需的功能，而且尽可能简单。为此，本章主要介绍几种应用比较广泛、在建模工具中颇具影响力的工具。

本章要点

- 掌握几种常见的 UML 建模工具。
- 了解建模工具 Draw.io 的安装和使用。
- 使用 Draw.io 进行建模。

随着人类社会的发展、技术的进步，项目越来越复杂，需要参与的人也越来越多。但是，人脑本身有局限性，考虑问题的时候不可能面面俱到，特别是软件项目，有可能今天要加个按钮，明天要加个报表，后天又要加个其他的内容，这就给软件开发带来了不确定性。从事过软件开发的人都知道这种不确定性意味着有可能为了实现一个功能，之前花了大半年时间设计的整个代码都要重新编写，或者因为不同人对软件代码的编写，让代码乱到无法修改的地步。

因此，软件项目的管理就被提上了日程。软件项目管理对软件开发维护过程中的需求分析、系统结构设计、代码实现、系统测试以及系统改进等各个环节都进行了规范化，而 UML 就是为此设计的一种图形化描述工具。使用 UML 的工具可以使软件项目的设计和开发变得结构简明，标准清楚，易于理解。

3.1 常用的 UML 建模工具

面向对象的软件建模工具旨在对软件系统的模型进行可视化、构建以及文档化。这类工具应当具备特定的概念体系和表达方式，不仅为建模人员提供过程上的支持和建模的辅助功能，还应依据既定规范生成相应的开发文档，并尽可能地自动生成代码。面向对象的软件建模工具具有以下功能：

- 绘图。
- 存储。
- 一致性检查。
- 对模型进行组织。
- 导航。
- 写作支持。
- 代码生成。
- 逆向项目。
- 集成。
- 支持多种抽象层和开发过程。
- 文档生成。
- 脚本编程。

在 UML 的发展中出现了许多工具，其中比较有代表性的有 Rational Rose、Visio、PowerDesigner、StartUML、Draw.io 等。下面对这 5 种工具加以介绍。

3.1.1 Rational Rose

Rational Rose 是 Rational 公司出品的一种面向对象的、使用统一建模语言的可视化建模工具，用于可视化建模和公司级水平软件应用的组件构造。Rose 是直接从 UML 发展而来的设计工具，它的出现就是为了支持 UML 建模。

Rational Rose 包括了统一建模语言（UML）、OOSE（Object-Oriented Software Engineering，面向对象的软件工程）和 OMT（Object Modeling Technique，对象建模技术）。其中统一建模语言（UML）由 Rational 公司的三位世界级面向对象技术的专家 Grady Booch、Ivar Jacobson 和 Jim Rumbaugh 通过对早期面向对象研究和设计方法的进一步扩展得来的，它为可视化建模软件的开发奠定了坚实的理论基础。

Rational Rose 是一套全面的解决方案，具备满足各类建模环境（包括 Web 开发、数据建模、Visual Studio 和 C++）需求的能力和灵活性。它允许开发人员、项目经理、系统分析师和设计人员在软件开发周期中将需求和系统架构转化为代码，提升生产效率，并实现对需求和系统架构的可视化理解和细化。使用 Rational Rose 作为软件开发周期中的统一建模工具可以确保更快速、更高质地开发出满足客户需求的、可扩展的、灵活且可靠的应用系统。

Rational Rose 的两个广受欢迎的特征是其迭代式发展和来回旅程项目的能力。Rational Rose 允许设计师使用迭代式发展（有时也叫进化式发展）方法，在这个方法中，各个进程中新的应用逐渐被创建,并把一个迭代的输出用作下一个迭代的输入(这和瀑布式发展形成对比,在瀑布式发展中,在一个用户开始尝试之前需要完成整个项目的开发)。然后,当开发者开始理解组件之间的相互作用并在设计中进行调整时,Rational Rose 能够通过回溯和更新模型的其余部分来保证代码的一致性,从而展现出被称为"来回旅程项目"的能力。Rational Rose 是可扩展的,可以使用下载附加项和第三方应用软件,它支持 COM/DCOM (ActiveX)、JavaBeans 和 Corba 组件标准。

Rational Rose 不是单纯的绘图工具,它专门支持 UML 的建模,具有很强的校验功能,能检查出模型中的许多裸机错误,还支持多种语言的双向项目,尤其是对当前比较流行的 Java 的支持非常好。Rational Rose 早期没有对数据库端建模的支持,但现在的版本中已经加入数据库建模的功能。它提供了一个名叫"Data Modeler"的工具,利用该工具可以将对象模型转换成数据模型,也可以将现有的数据模型转换成对象模型,从而实现两者之间的同步。

具体来说,Data Modeler 有以下功能:

(1)将对象模型转换成数据模型,即将类映射到数据库的表,构成传统的 E-R 图。

(2)将数据模型转换成对象模型。

(3)利用数据模型生成数据库 DDL(Data Definition Language,数据定义语言),也可以直接连接到数据库里,对数据库产生结果。

(4)从现有数据库或 DDL 文件里生成数据模型。

(5)将数据模型与 DDL 文件或现有数据库进行比较。

Rational Rose 包含了多个版本:

● **Rose Enterprise**: 支持用 C++、Java、Visual Basic 和 Oracle 生成代码,支持逆向工程。

● **Rose Professional 系列**: 可以用一种语言生成代码。

● **Rose Modeler**: 可以对系统生成模型,但不支持逆向工程,也不支持由模型转出代码。

Rational Rose 2003 的企业版(Rose Enterprise)的设计窗口如图 3.1 所示。

图 3.1　Rational Rose

作为一种建模工具，Rational Rose 是影响面向对象应用程序开发领域发展的一个重要因素。Rational Rose 自推出以来就受到了业界的瞩目，并一直引领着可视化建模工具的发展。越来越多的软件公司和开发团队开始或者已经采用 Rational Rose，用于大型项目开发的分析、建模与设计等方面。

从使用的角度分析，Rational Rose 用户友好，支持使用多种构件和多种语言进行复杂系统的建模；利用双向项目技术可以实现迭代式开发；团队管理特性支持大型、复杂的项目和大型且队员分散在各个不同地方的开发团队。同时，Rational Rose 与微软 Visual Studio 系列工具中 GUI 的完美结合所带来的方便性，使得它成为绝大多数开发人员首选的建模工具。Rational Rose 还是市场上第一个提供基于 UML 的数据建模和 Web 建模支持的工具。此外，Rational Rose 还为其他一些领域提供支持，如用户定制和产品性能改进。

Rational Rose 主要是在开发过程中对各种语义、模块、对象以及流程、状态等进行描述，主要体现在能够从各个方面和角度来分析和设计，使软件的开发蓝图更清晰，内部结构更明朗。但它对数据库的开发管理和数据库端的迭代不是很理想。Rational Rose 现在已经退出市场，不过仍有一些公司在使用。IBM 推出了 Rational Software Architect 来替代 Rational Rose。

3.1.2　Visio

Microsoft Office Visio 是微软公司出品的软件，它提供了各种模板：业务流程的流程图、网络图、工作流图、数据库模型图和软件图。这些模板可用于可视化和简化业务流程、跟踪项目和资源、绘制组织结构图、映射网络、绘制建筑地图以及优化系统。

Visio 有两个版本：Microsoft Office Visio Professional 和 Microsoft Office Visio Standard。Microsoft Office Visio Professional 不仅包含 Microsoft Office Visio Standard 的许多功能，还包含更多图表类型的模板以及若干项高级功能。

Visio 原来仅是一种画图工具，用来描述各种图形（从电路图到房屋结构图），到 Visio 2000 才开始引进从软件分析设计到代码生成的全部功能。可以说 Visio 是目前最能够用图形方式来表达各种商业图形用途的工具（对软件开发中的 UML 支持仅仅是其中很少的一部分）。

使用 Visio，可以轻松地将流程、系统和复杂信息可视化。Visio 提供了特定工具来满足 IT 人员和商务专业人员的不同图表制作需要。使用 Microsoft Office Visio Professional 中的 ITIL（IT 基础设施库）模板和价值流图模板，可以创建种类更广泛的图表。使用预订义的 Microsoft SmartShapes 符号和强大的搜索功能可以找到合适的形状，而无论该形状是保存在计算机上还是保存在网站上。

用户可以通过浏览简化的模板类别和使用大模板预览，在新增的"入门"窗口中查找所需的模板，还可以使用"入门"窗口中新增的"最近打开的模板"视图找到最近使用的模板。

在 Office Visio Professional 中，通过打开新的"入门"窗口和使用新的"示例"类别，用户可以更方便地查找新的示例图表。这些示例图表展示了与数据集成的方法，帮助用户在创建自己的图表获得思路，理解数据如何为众多图表类型提供更多上下文的，以及确定要使用的模板。

无须绘制连接线，只需单击一次，Visio 中新增的自动连接功能便可以连接形状，使形状均匀分布并自动对齐。在移动连接的形状时，这些形状也会保持连接，连接线会在形状之间自动重排。

Microsoft Office Visio 绘图和图表制作软件有助于 IT 人员和商务专业人员轻松地可视化、分析和交流复杂信息。它能够将难以理解的复杂文本和表格转换为一目了然的 Visio 图表。该软件通过创建与数据相关的 Visio 图表（而不使用静态图片）来显示数据，这些图表易于刷新，并能够显著提高生产率。使用 Visio 中的各种图表可了解、操作和共享企业内的组织系统、资源和流程的有关信息。

Microsoft Office Visio Standard 2003 的设计窗口如图 3.2 所示。

图 3.2　Microsoft Office Visio

Visio 能够很好地兼容微软的 Office 产品，能够把图形直接复制或者内嵌到 Word 的文档中。但是，对于代码的生成，更多的是支持微软的产品，如 VB、VC++、MS SQL Server 等（这也是微软的传统），所以 Visio 用于图形语义的描述比较方便，但是用于软件开发过程的迭代开发则显得力不从心。

3.1.3　PowerDesigner

PowerDesigner 是 Sybase 公司的 CASE 工具集，使用它可以方便地对管理信息系统进行分析设计，它几乎包括了数据库模型设计的全过程。利用 PowerDesigner 可以制作数据流程图、概念数据模型、物理数据模型，可以生成多种客户端开发工具的应用程序，还可以为数据仓库制作结构模型，也能对团队设备模型进行控制。它可以与许多流行的数据库设计软件（例如 PowerBuilder、Delphi、VB 等）配合使用，来缩短开发时间和优化系统设计。

PowerDesigner 是通过对数据库建模而发展起来的一种数据库建模工具，直到 7.0 版本才开始支持面向对象开发，后来又引入了对 UML 的支持。

PowerDesigner 是 Sybase 的企业建模和设计解决方案，采用模型驱动方法，将业务与 IT

结合起来,帮助部署有效的企业体系架构,并为研发生命周期管理提供强大的分析与设计技术。PowerDesigner 支持 60 多种数据库系统(RDBMS)/版本,运行在 Microsoft Windows 平台上,并提供了 Eclipse 插件。

PowerDesigner 的设计窗口如图 3.3 所示。

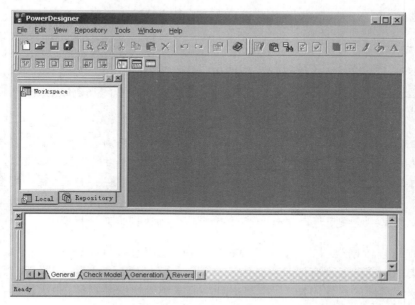

图 3.3 PowerDesigner

PowerDesigner 主要专注于数据库建模,因此对各类数据库的支持非常出色,覆盖了大约 90%的数据库产品。尽管近几个版本对 UML 建模的支持有所加强,但它在各种 UML 图表的支持上仍不够完善,导致它用于 UML 开发的情况并不广泛,大多数用户主要使用它进行数据库建模。尽管如此,PowerDesigner 的 UML 分析功能是有价值的,它能够生成代码,并且对 Sybase 的 PowerBuilder、C++、Java、VB、C#等语言提供了良好的支持。

3.1.4 StarUML

StarUML(简称 SU)是一款开放源码的 UML 开发工具,由韩国公司主导开发出来,可以直接到 StarUML 网站下载。

StarUML 是一个用于创建 UML 类图以及生成类图和其他类型的 UML 图表的工具,具有发展快、灵活、可扩展性强的特点。StarUML 的特性如下。

1)可绘制 UML 中的常用图

UML 2.5 中的图分为两大类:结构图和行为图,共 14 种。结构图用于对系统的静态结构建模,包括类图、组合结构图、组件图、部署图、对象图、概要图和包图;行为图用于对系统的动态行为建模,包括用例图、交互图(顺序图、通信图、交互概览图、定时图)、活动图和状态机图。StarUML 支持除对象图、包图、定时图和交互预览图之外的其他 11 种图的绘制。

2）完全免费

StarUML 是一套开放源码的软件，不仅可以免费下载，而且连代码都免费开放。

3）多种格式

StarUML 遵守 UML 的语法规则，不支持违反语法的动作。

4）双向工程

无论是把设计模型转换成代码，还是把代码转换为设计模型，都是一项非常复杂的工作。正向和逆向工程这两方面结合在一起，定义为双向工程。双向工程提供了一种机制，它使系统架构或者设计模型与代码之间进行双向交换。

● 正向工程把设计模型转换为代码框架，开发者不需要编写类、属性、方法代码。一般情况下，开发人员将系统设计细化到一定的级别，然后应用正向工程。
● 逆向工程是指把代码转换成设计模型。在迭代开发周期中，一旦某个模型作为迭代的一部分被修改，就采用正向工程把新的类、方法、属性加入代码；同时，一旦某些代码被修改，就采用逆向工程，将修改后的代码转换为设计模型。

StarUML 可以依据类图的内容生成 Java、C++、C#代码，也能够读取 Java、C++、C#代码反向生成类图。逆向工程有两个主要用途，其一是将源码反转成图之后，可以用构建 UML 模型的方式继续将新的设计添加上去；另一种用途是想要解析源码时，可以通过反转的类图来理解，不再需要查看一行又一行的代码，这将节省大量的时间和精力。

5）支持 XMI（XML-based Metadata Interchange）

StarUML 接受 XMI 1.1、1.2 和 1.3 版的导入和导出。XMI 是一种以 XML 为基础的交换格式，用以交换不同开发工具所生成的 UML 模型。

6）导入 Rose 文件

StarUML 可以读取 Rational Rose 生成的文件，让原先使用 Rose 的用户可以转而使用免费的 StarUML。早期，Rational Rose 是市场占有率最高的 UML 开发工具，同时也是相当昂贵的工具。

7）支持模式

支持 23 种 GoF 模式（Pattern），以及 3 种 EJB 模式。GoF 模式出自 Erich Gamma 等 4 人合著的 *Design Patterns: Elements of Reusable Object-Oriented Software* 一书，其中列出了 23 种软件模式，可解决软件设计上的特定问题。StarUML 也支持 3 种常用的 EJB 模式，分别为 EntityEJB、MessageDrivenEJB、SessionEJB。

StarUML 设计窗口如图 3.4 所示。

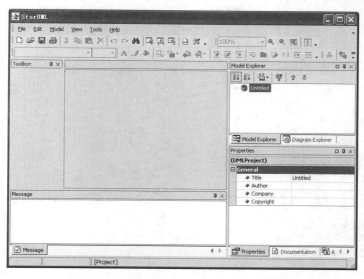

图 3.4　StarUML

3.1.5　Draw.io

Draw.io 是一个非常出色的免费、开源、简洁、方便的绘图软件,利用这款软件可以绘制出生动有趣的图形,包括流程图、地图、网络架构图、UML 用例图、流程图等。它支持各种快捷键,免费提供了 1000 多张画图模板,图形形状丰富,还可以自定义图形工具栏。它还支持云存储和各种导出格式,包括图片格式和 PDF 格式等。

Draw.io 软件内置了丰富的绘图资源,包括各种形状、图标、连接器和模板,能够满足绝大多数绘图需求。它还支持导入第三方图标资源,以满足更多的需求。使用 Draw.io,可以通过直观易用的界面绘制图表,添加文本、图标、箭头和其他元素,轻松构建清晰明了的图示。它还支持图层功能,可以轻松管理和编辑不同元素,使得图表的修改和调整变得非常便捷。除了提供丰富的绘图工具和资源之外,Draw.io 还具备方便的共享和协作功能,可以将绘图作品保存在云端,与他人共享和协作编辑,促进团队间的合作和沟通。

Draw.io 项目的历史可以追溯至 2005 年,当时 JGraph 团队开始开发 mxGraph,这是一个基于客户端的 JavaScript 与 SVG 的图表库,用于在 Web 应用程序中创建交互式图表,支持了 Firefox 1.5 和 Internet Explorer 5.5。

2012 年,JGraph 团队对已有的程序删除了 Java applet 相关的部分,并且将域名 diagram.ly 改为 draw.io,这是因为创始人觉得 io 比 ly 更酷,而 Draw.io 则成为一个基于 mxGraph 的图表编辑器,可以在浏览器中运行并创建图表。它最初是一个内部工具,后来 mxGraph 团队决定将其作为一个开源项目发布。

2020 年,JGraph 团队出于安全和版权的考虑,将 draw.io 移至 diagrams.net 域,diagrams.net 目前仍然是一个活跃的开源项目,拥有大量的用户和贡献者,支持多种图表类型,包括流程图、组织结构图、UML 图等,同时还支持多种文件格式,包括 XML、PNG、JPEG、PDF 等。

Draw.io 提供两种使用方式,一种为在线 Web 版,另一种为离线桌面版。对于 Web 版,支持 GitHub、Google Drive、One drive 等网盘同步,并且永久免费、完全开源,其官网地址为

https://app.diagrams.net/。Draw.io 的主页如图 3.5 所示。本书所提供的相关 UML 图皆是由 Draw.io 绘制的。

图 3.5　Draw.io 主页

3.2　Draw.io 安装与使用

本节主要对 Draw.io 的在线和离线两种使用方式进行介绍。

3.2.1　在线 Web 版 Draw.io 的使用

Draw.io 提供了永久免费且完全开源的在线 Web 版使用方式。Draw.io 的在线 Web 版网址为 https://app.diagrams.net/，我们在浏览器中直接打开 Draw.io 的网址即可使用，如图 3.6 所示。

图 3.6　Draw.io 在线 Web 使用

在 Draw.io 中绘制完毕的图文件可以保存至 GitHub、Google Drive、OneDrive 等网盘，也可以保存到本地设备，如图 3.7 所示。

图 3.7　Draw.io 的保存方式

保存时，选择具体的位置即可，如图 3.8 所示。

图 3.8　Draw.io 选择保存位置

对于 GitHub、Google Drive、OneDrive 等网盘，需要申请相关的账号才可以保存。对于本地保存，保存时选择位置为"设备"，然后单击"保存"按钮，在弹出的本地硬盘选择窗口中选择具体的路径，然后单击"保存"按钮即可保存，如图 3.9 和图 3.10 所示。

图 3.9　Draw.io 本地保存方式

图 3.10　Draw.io 选择本地路径保存

　　除了直接选择本地路径保存外，也可以选择位置为"下载"，然后单击"保存"按钮，后续则无须选择路径，直接将图形文件下载到本地硬盘中，一般默认下载路径为用户的 Downloads 文件夹下，如图 3.11 所示。

图 3.11　Draw.io 选择下载方式保存

3.2.2　离线桌面版 Draw.io 的安装

　　Draw.io 的离线桌面版即本地版，可跨平台使用，支持 Windows（最新 Draw.io 仅支持

Windows 10 及以上系统，Windows 7 无法使用 Draw.io 本地版，可考虑网页版或 Visual Studio Code 的插件）、Linux、macOS 等各种平台。

离线桌面版 Draw.io 的安装步骤如下：

01 首先下载 Draw.io 的安装包，当前 Draw.io 的安装包在 GitHub 上维护，下载的网址为 https://github.com/jgraph/drawio-desktop/releases。在浏览器中输入该网址，然后按回车键即可出现如图 3.12 所示的页面。

图 3.12　Draw.io 离线桌面版下载页面

02 选择合适的版本下载。当前最新版本为 22.1.21，在页面的右下方选择适合自己计算机的安装包后单击，即可完成下载，如图 3.13 所示。

▼ Assets 30		
⊕ draw.io-22.1.21-windows-installer.exe	108 MB	last week
⊕ draw.io-22.1.21-windows-installer.exe.blockmap	117 KB	last week
⊕ draw.io-22.1.21-windows-no-installer.exe	108 MB	last week
⊕ draw.io-22.1.21.msi	118 MB	last week
⊕ draw.io-arm64-22.1.21.dmg	125 MB	last week
⊕ draw.io-arm64-22.1.21.dmg.blockmap	135 KB	last week
⊕ draw.io-arm64-22.1.21.zip	120 MB	last week
⊕ draw.io-arm64-22.1.21.zip.blockmap	130 KB	last week
⊕ draw.io-ia32-22.1.21-windows-32bit-installer.exe	92.8 MB	last week
⊕ draw.io-ia32-22.1.21-windows-32bit-installer.exe.blockmap	101 KB	last week
▣ Source code (zip)		last week
▣ Source code (tar.gz)		last week
Show all 30 assets		

图 3.13　下载 Draw.io 安装包

03 双击下载下来的 draw.io-22.1.21.msi 安装包进行安装，如图 3.14 所示。

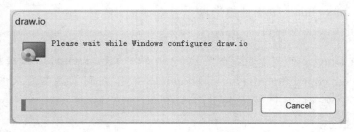

图 3.14 Draw.io 安装中

04 Draw.io 的安装较快，基本在 10s 以内即可安装完毕，如图 3.15 所示。安装完毕后，勾选"运行 draw.io"复选框，单击"完成"按钮，则会直接启动应用程序，弹出创建新绘图或打开现有绘图界面，如图 3.16 所示。

图 3.15 Draw.io 安装完成

图 3.16 Draw.io 启动界面

05 单击"创建新绘图"按钮，弹出创建绘图选择框，如图 3.17 所示。选择合适的绘图类型，并更改文件名，然后单击"创建"按钮，即可进入绘图页面。本书的相关图都是选择 UML 类型进行绘制的。也可以不选择类型，直接单击"创建"按钮。

图 3.17　绘图类型选择框

06 绘制主窗口如图 3.18 所示，左边窗口提供绘制所需的图形符号，并根据不同的类型进行归类放置；中间窗口可绘制相关图形，绘制时将左边的图形符号拖动到中间窗口即可。

图 3.18　绘制主窗口

07 Draw.io 默认安装时不创建桌面图标，要启动时，可在应用程序中搜索启动，如图 3.19 所示为 Windows 11 的搜索启动。

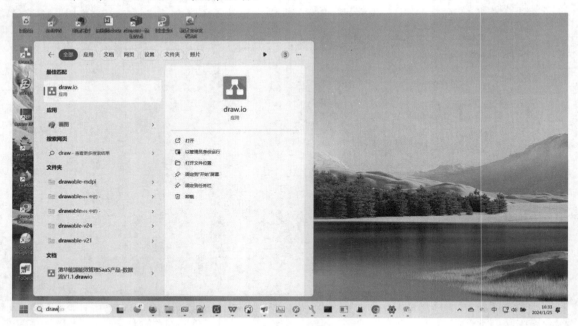

图 3.19　搜索启动

3.3　使用 Draw.io 建模

Draw.io 是开源软件中较为完备的图表编辑工具，能够方便地绘制 UML 图。实际上借助 Draw.io 的模板库，还可以绘制更多种类的图，包括流程图、组织结构图、E-R 图、思维导图等。本书主要利用 Draw.io 来绘制 UML 相关图例，故本节的建模主要针对如何使用 Draw.io 绘制 UML 图进行介绍。

3.3.1　Draw.io 主界面

在浏览器中打开 Draw.io 网站（https://app.diagrams.net/），或者在本地应用程序中打开 Draw.io 的启动程序，选择创建新绘图或者编辑原有的图，即可进入 Draw.io 的开发主界面中。对于在线 Web 版，值得注意的是，为了简便起见，在浏览器地址栏里直接输入"draw.io"，按回车键后也可以自动导航到 http://app.diagrams.net/。

Draw.io 的开发主界面主要由顶部菜单栏、左侧工具箱图形区、中间画布绘图区、右侧属性设置区等构成，具体结构如图 3.20 所示。

图 3.20　Draw.io 开发界面结构

3.3.2　快速开始

整个界面的操作非常直观，如果有相关绘图软件的使用经验，那么很容易就能上手绘图。

1）添加图形

通过简单地将左侧工具箱中的图形拖曳到绘图区域，即可在画布上面添加图形。

2）添加文本

在画布上任何位置双击，会出现文本和图形选择框，如图 3.21 所示。单击文本框，即可在画布中添加文本框，并在其中输入文字。

图 3.21　添加文本

3）添加链接

将鼠标悬浮在图形上，即可浮现基本的链接点，如图 3.22 所示。这里分为外边界的蓝色大箭头和边上的 x 型焦点。

图 3.22　添加链接

3.3.3　Draw.io 的基本操作

1）移动、多选、复制与删除

图形、链接、文本这三个元素都可以被选中。可以使用快捷键 Ctrl（macOS 下为 cmd，下同）+A 选择全部元素，也可以使用快捷键 Ctrl+click（鼠标左键单击）来进行特定元素的多选。选择元素后可以进行以下操作：

- 移动：拖曳。
- 复制：按快捷键 Ctrl+C。
- 复制并粘贴：按快捷键 Ctrl+D。
- 删除：按 Delete 键。

2）创建链接

在图形上面悬浮鼠标会出现图形的链接点，可使用蓝色箭头进行快速链接，单击蓝色箭头，会在指定方向创建链接，并在链接末端生成一个完全一致的元素。如果需要控制链接位置，可以按住 Ctrl 键，拖曳蓝色箭头到指定位置。

3）添加内置元素与旋转

（1）添加内置元素：在 UML 相关图形元素的绘制过程中，经常会碰到需要添加内置元素或属性的情况。比如，在绘制了一个类后，需要为该类添加属性和方法，此时，在左侧找到需要添加的元素，然后将它拖动到被添加的图形的合适位置上，再松开鼠标即可，如图 3.23 所示。

图 3.23　添加内置元素

（2）旋转：选中图形，拖曳上方的旋转箭头即可，如图 3.24 所示。

图 3.24　旋转

4）保存与导出

（1）保存：同常规的文件存储一样，Draw.io 的 Web 版和本地版都包含有"保存"和"另存为"操作，绘制完图形后，单击"文件"然后选择"保存"或者"另存为"进行保存。

（2）导出：Draw.io 支持将图表导出到很多格式，比如 PNG、JPEG、SVG、HTML 等多种格式，单击"高级"命令还可进行设置，如图 3.25 所示。

图 3.25　导出

3.3.4 Draw.io 的快捷键

Draw.io 在绘图时提供了很多的快捷键，便于提高绘图效率。以下为比较常用的快捷键组合方式：

- Ctrl+Shift+L：切换图层窗口，弹出图层窗口。
- Ctrl+Shift+P：切换格式窗格。
- Ctrl+Shift+M：编辑顶点的大小、位置数据。
- Ctrl+Shift+光标：调整单元格大小（单位：网格大小）。
- Ctrl+Shift+O：切换缩略图窗口。
- Ctrl+光标：调整单元格大小（单位：pt）或选择页面。
- Alt+Shift+光标：克隆并连接。
- Alt+滚轮：放大和缩小整体界面。
- Ctrl+Home：折叠容器。
- Ctrl+G：组合。
- Ctrl+End：展开容器。
- Ctrl+Shift+U：取消组合。
- Ctrl+Shift+Home：退出组合，选择某个元素。
- Ctrl+L：锁定（该元素会固定不动）和解锁。
- Ctrl+Shift+B：重叠时，移动到后面。
- Ctrl+Enter/D：复制（当前选择的元素）。
- Ctrl+Shift+F：重叠时，移到最前面。
- Ctrl+R：顺时针旋转/旋转90°。
- Ctrl+M：弹出属性输入框，编辑元数据。
- Alt+Shift+l：编辑链接。
- Ctrl+Shift+Y：自动调整元素大小。
- Alt+Shift+T：编辑标签的提示，类似备注。鼠标移动到节点时，会浮现出备注。
- Ctrl+拖动：复制单元格。
- Shift+拖动：只能水平或垂直方向移动单元格。
- Alt+鼠标滚轮：画布放大/缩小。
- Ctrl+Shift+H：以图形占满来缩放窗口。
- Ctrl+Shift+鼠标滚轮：画布放大/缩小。
- Ctrl+J：适合页面，大概是100%。
- Ctrl+鼠标滚轮：放大/缩小页面。
- Alt+Shift/Ctrl+单击侧栏项目：插入所选项目。
- 鼠标滚轮：画布垂直滚动。
- Shift+单击侧边栏项目：将所选项目替换为单击的项目，文字内容不变。
- Shift+鼠标滚轮：画布水平滚动。
- 单击侧边栏项目：选择某个连接线，然后插入所选边的未连接侧。

- Home: 回到视图中心位置。
- Ctrl+Shift+R: 清除默认样式。
- Ctrl+Shift+C: 复制样式。
- Ctrl+E: 编辑风格。
- Ctrl+Shift+V: 粘贴样式。
- Ctrl+Shift+D: 设置为默认样式。
- Alt+Shift+X: 复印尺寸。
- 双击: 插入文字或插入基本图形。
- Alt+Shift+V: 粘贴大小。
- Enter: 在标签中插入新文字。
- Shift+Enter: 换行格式标签。
- Tab: 选择下一个绘图元素。按 Tab 键的同时按 Shift 键表示选择上一个绘图元素（就如同按 Tab 键切换应用一样地切换选择的标签）。
- Ctrl+V: 粘贴。
- Alt+（Shift+）Tab: 选择孩子（父母）元素。
- Ctrl+X: 剪切。
- Backspace 或 Delete: 删除选定的单元格。
- Ctrl+Y: 重做（Windows）。
- Ctrl+0: 自定义缩放。
- Ctrl+Z: 撤销。
- Ctrl+B/I: 在所选文本上切换粗体/斜体。
- Ctrl+（数字键）: 放大。
- Ctrl+C: 复制。
- Ctrl+A: 全选。
- Ctrl+K: 插入矩形。
- Ctrl-（数字键）: 缩小。
- Ctrl+P: 打印。
- ESC: 取消动作。
- Ctrl+S: 保存。
- F1: 关于。
- Ctrl+Shift+J: 显示两栏的页面的窗口。
- F2/Enter: 开始编辑所选单元格的标签。
- Ctrl+Shift+K: 插入椭圆。
- F2/Tab/Esc: 停止编辑并应用值。
- Ctrl+Shift+S: 另存为。
- Shift+光标: 以一单元格为移动距离。
- Ctrl+Shift+X: 在画布中的随机位置插入文字。
- 单击旋转按钮: 顺时针旋转 90°。
- Ctrl+Shift+Z: 重做（Linux/macOS）。

- 光标箭头: 滚动/移动标签 (移动单位: pt) 。
- Ctrl+U: 在所选文本上切换下画线。
- 右击: 上下文菜单。

3.4 小 结

本章主要介绍了 Rational Rose、PowerDesigner、Visio、StarUML 和 Draw.io 这 5 种常用的 UML 开发工具,其中重点介绍了简单、易用且开源的 Draw.io 的安装过程,并讲解了 Draw.io 的建模过程。

3.5 习 题

1. 常用的进行 UML 建模的工具有哪些?
2. Rational Rose 是哪家公司的产品,对于绘制 UML 来说,其优势是什么?
3. Draw.io 的使用方式有哪两种?
4. 如何利用 Draw.io 对一个类添加属性和方法?
5. 利用在线 Web 版的 Draw.io 绘制图形后,如何保存到本地?

第 4 章

用例和用例图

本章导读

　　用例是一种建模技术，对于正在新建的系统，用例主要描述系统应该具备什么样的功能；对于已经存在的系统，用例则反映了系统能够完成什么样的功能。创建用例模型是通过开发者与客户或者最终的使用者共同协商完成的，他们要反复讨论需求的规格说明，明确系统的基本功能，为后续阶段的设计和开发工作打下一个良好的基础。

　　本章通过多个举例，为读者提供用例建模的一个全面介绍。通过对一些简单的、熟悉的、易于理解的小案例进行用例分析，加深读者对用例建模中的一些基本概念的理解，并能在实际中应用。

本章要点

- 理解用例建模的相关概念。
- 掌握参与者和用例的基本概念，理解并掌握用例之间的关系：关联关系、泛化关系、包含关系、扩展关系。
- 能够正确分析系统的需求并进行用例建模。

4.1　用例和用例图的概念

用例模型的基本组成部分有用例、参与者（或角色）和系统。用例用于描述系统的功能，也就是从用户的角度来说，系统具体应包含哪些功能，从而帮助分析人员理解系统的行为。它是对系统功能的宏观的、整体的描述。一个完整的系统通常包含许多用例，每个用例具体说明应完成的功能。参与者是指那些与系统进行交互的外部实体，通常是系统的一个用户，但它也可以是其他系统或硬件设备，总之凡是需要与系统进行交互的实体都可以称作参与者。用例必须向参与者传递一些数值，这些数值是参与者在系统中获得的信息。

在用例模型中，系统仿佛是实现各种用例的一个"黑盒子"，用户只关心该系统实现了哪些功能，并不需要知道其内部的具体实现细节，比如系统是如何做的用例，是如何实现的。用例模型主要应用在工程开发的初期阶段，在进行系统需求分析时使用，通过分析描述使开发者明确需要开发的系统功能有哪些。

使用用例的主要目的是：

（1）明确系统应具备什么功能，这些功能是否满足客户的基本需求，并与系统开发人员达成一致。

（2）为系统的功能提供清晰一致的描述，用例模型应用于系统开发的整个过程，为后阶段的系统设计和开发工作打下良好的基础。

（3）为系统测试打下基础，可以用于验证最终实现的系统所完成的功能是否符合客户的最初需求。

（4）通过从需求的功能用例出发，跟踪进入系统中具体实现的类和方法，可以检查其是否正确。例如，通过下面这种方法可以简化对系统的修改和扩展：首先修改用例模型，针对受到影响的用例，找到相应的系统设计和实现部分，对它进行相应的修改。

用例图是显示一组用例、参与者以及它们之间关系的一种图。

用例图在 UML 中是非常特别的图形元素，它描述了用户希望如何使用一个系统。通过用例图可以知道谁将是系统相关的用户，他们希望系统提供什么样的服务，以及他们需要为系统提供什么样的服务。

用例图从用户的角度而不是开发者的角度来描述对软件产品的需求，分析产品所需的功能和动态行为。用例图常用来对需求进行建模，它在系统的整个分析、设计和开发阶段是非常重要的，它的正确与否直接影响到客户对最终实现的产品的满意度的高低。用例图被广泛使用在各种开发活动中，但它最常用于描述系统以及子系统。

用例图的主要作用如下：

（1）用来描述将要开发的系统的功能需求和使用场景。

（2）作为设计和开发过程的基础，促进各阶段开发工作的进行。

（3）用于验证与确认系统需求。

画好用例图是系统从软件需求到最终实现的第一步。下面将具体介绍用例图中的各个组成元素。

（1）参与者（Actor）：也称为角色，它代表系统的用户。

（2）系统边界（System Scope）：它确定系统的范围。

（3）用例（Use Case）：它代表系统提供的服务。

（4）关联（Association）：它表示参与者与用例间的关系。

一个用例图如图 4.1 所示。

图 4.1　用例图

从图 4.1 中可以看出，所有的用例都放置在系统边界内，表明它属于一个系统；参与者则放在系统边界的外面，表明参与者并不属于系统，但是参与者负责直接（或间接）地驱动与其相关联的用例的执行。

4.1.1　参与者

参与者是系统外部的一个人或者物，它以某种方式参与了系统的执行过程。参与者不是特指人，而是指系统以外的、在使用系统或与系统交互中所扮演的角色。因此参与者可以是人，可以是事物，也可以是时间或其他系统等。需要注意的是，参与者不是指人或事物本身，而是表示人或事物在系统中所扮演的角色。例如，张明是图书馆的管理员，他参与图书管理系统的交互，这时他既可以作为管理员这个角色参与管理，也可以作为借书者向图书馆借书，在这里张明扮演了两个角色，是两个不同的参与者，即管理员和借阅者。因此，在图书管理系统中"借阅者"和"系统管理员"都是参与者。

参与者在 UML 中通常以一个直立人的图形符号来表示，如图 4.2 所示。

图 4.2　参与者

参与者是用例图的一个重要组成部分，它代表参与系统交互的用户、设备或另一个系统。参与者的作用如下：

（1）建立系统的外部用户模型。
（2）对系统边界之外的对象进行描述。

【例 4.1】客户给销售员发来订货单，销售员下班前将当日订货单汇总输入系统。谁是系统的参与者？

分析：根据参与者的定义可知，此系统的参与者是销售员。

由于参与者实际上就是类，因此参与者之间也具有继承关系（但在分析设计阶段，一般使用泛化关系来表示继承关系）。参与者之间的泛化关系表示一个一般性的参与者（称为父参与者）与另一个较为特殊的参与者（称为子参与者）之间的联系。子参与者继承了父参与者的行为和含义，还可以增加自己独有的行为和含义，子参与者可以出现在父参与者能出现的任何位置上。通常，将某些参与者的共同行为描述成超类，而某一具体的参与者仅仅把其所特有的那部分行为定义一下就可以了，子参与者和父参与者的通用行为则不必重新定义，只需继承超类中相应的行为即可。参与者之间的泛化关系用带空心三角形箭头的实线来表示，箭头端指向超类。

【例 4.2】需求分析中常见的权限控制问题，一般的用户只可以使用一些常规的操作，如查询等，而管理员除了常规操作之外还需要进行一些系统管理工作，如一些关键数据的增加、删除、修改等，操作员既可以进行常规操作又可以进行一些管理操作。

从例 4.2 的描述中会发现，管理员和操作员都是一种特殊的用户，他们不仅拥有普通用户所拥有的全部权限，还拥有自己独有的权限。这里可进一步把普通用户和管理员、操作员之间的关系抽象成泛化关系，管理员和操作员可以继承普通用户的全部特性（包括权限），又可以有自己独有的特性（如操作、权限等）。这样可以简化用例模型，使之更易于理解。

例如，在图书管理系统中，可以认为"读者"是"学生读者"和"教师读者"的泛化，而"学生读者"还可以具体化为"本科生读者"和"研究生读者"；同样地，"图书管理员"也是"采购员""编目员"及"借阅人员"的泛化。图 4.3 表示出了参与者之间的泛化关系。

图 4.3　图书管理系统参与者之间的泛化关系

4.1.2　用例

需求获取（Requirement Elicitation）是需求分析阶段的主体部分，其主要工作就是建立待开发系统的模型，而用例就是用于建立这种模型的最好方法。用例最初由 Ivar Jackboson 博士提出，后来被融合到 UML 的规范之中，成为描述需求的标准化体系。

　　用例代表系统中各个项目相关人员之间根据系统的行为所达成的契约用例，描述了在不同条件下，针对某一项目相关人员的请求，系统对其做出的响应。也就是说用例指的是对一组动作的描述，系统通过执行这些动作来对用例的参与者产生可以看到的结果即用例描述了参与者可以感受到的系统服务或功能。

　　例如，在图书管理系统中，用户可以进行"查询图书的基本信息""借书"以及"还书"操作；管理员可以对图书的基本信息进行管理，如"新增图书信息""修改图书信息""删除图书"等。这些操作都是系统提供的服务（功能），因此，它们可以独立成为一个用例。执行这些操作的都是人（即参与者）。

　　用例在 UML 中通常用一个椭圆图形符号来表示，如图 4.4 所示。

图 4.4　用例符号

　　例如，在文字处理程序中"置正文的字体为宋体"是一个用例，在图书管理系统中"借书"和"还书"也是用例，在超市管理系统中"进货"也是一个用例，如图 4.5 所示。在这里可以看出，用例可大可小，有的用例可能比较简单，而有的可能就很复杂，如"置正文的字体为宋体"这个用例就比较简单，很容易实现，但是对于"进货"和"借书"这样的用例相对就比较复杂，可能需要花一些时间才能够实现。

图 4.5　用例

　　根据上面的例子可以看出，使用用例进行系统的需求分析时具有如下特点：

　　（1）用例从系统的使用角度描述系统中的信息，即在系统的外部所能看到的系统的功能，而不考虑系统内部对该功能的具体实现方式。

　　（2）用例描述了用户提出的可见需求，对应一个具体的用户目标。使用用例可以促进系统分析员与用户进行沟通，并正确地理解用户需求。同时也可以使用用例来划分系统与外部实体的界限。用例是面向对象分析与设计的起点，是类、对象、操作的来源。

　　（3）用例通常由某个参与者来执行。

　　（4）用例把执行的结果反馈给参与者。

　　（5）用例在功能上具有完整性，即它从参与者那里接收输入，并将产生的结果返回给参与者。

4.1.3　用例描述

　　从软件开发的角度来看，用例就是需求的文字性描述，主要说明了系统应如何工作的功能性或行为性需求。用例图只是简单地用图形的方式描述了一下系统。实际上，用例是文本形式，不是图形。用例作为一种沟通手段，尤其适用于非专业人士之间的交流，因此编写用例的首选形式通常是简单的文本。对于每个用例，还需要有详细的说明，这样就可以让别人对这个系统有一个更加详细的了解，这时我们就需要写用例描述。

对于用例描述的内容，一般没有硬性规定的格式，但一些必需或者重要的内容还是要写进用例描述里面的。用例描述一般包括用例编号、用例概述（说明）、前置（前提）条件、基本事件流、其他事件流、异常事件流、后置（事后）条件等，如表 4.1 所示。

表 4.1　用例描述模板

用例编号	为用例制定唯一的编号，通常格式为 UCxx	
用例名称	让读者一目了然地知道用例的目标，应为一个动词短语	
用例概述	指用例的目标，对用例进行概要性的描述	
范围	用例的设计范围	
主参与者	该用例的主要参与者，在此列出名称，并对它进行简要的描述	
次要参与者	该用例的次要参与者，在此列出名称，并对它进行简要的描述	
项目相关人利益说明	**项目相关人**	**利益**
	项目相关人员的名称	从该用例获取的利益
	……	……
前置条件	指的是启动该用例应该满足的条件	
后置条件	指的是该用例完成之后，将执行什么动作	
成功保证	描述当前目标完成后，环境会发生什么变化	
基本事件流	**步骤**	**活动**
	1	描述从触发事件到目标完成以及清除的步骤
	2	其中可以包含子事件流，以子事件流编号来表示
扩展事件流	1a	1a 表示是对 1 的扩展，其中应说明条件和活动
	1b	其中可以包含子事件流，以子事件流编号来表示
子事件流	对多次重复的事件流可以定义为子事件流，这也是抽取被包含用例的地方	
规则与约束	对该用例实现时需要考虑的业务规则、非功能需求、设计约束等	

例如，在图书管理系统中，"新增图书信息"是用例，对其详细的描述如表 4.2 所示。

表 4.2　新增图书信息用例描述

用例名称	新增图书信息
用例编号	UC001
简要说明	录入新购图书信息，并保存到系统中
前置条件	用户进入图书管理系统
基本事件流	图书管理员向系统发出"新增图书信息"的请求；系统要求图书管理员选择要新增的图书是计算机类还是非计算机类
其他事件流	无
异常事件流	如果输入的书名有重名现象，则显示出重名的图书，并要求图书管理员修改书名或取消输入；如果图书管理员选择取消输入，则结束用例，不存储到系统中；如果图书管理员选择修改书名，则继续判断是否存在重名现象
后置条件	完成新书信息的录入和存储
注释	无

综上所述，理论上可以把一个系统的所有用例都画出来，但是在实际开发过程中，进行用例分析时只需要把那些重要的、交互过程复杂的用例找出来。用例并不是系统的全部需求，用例描述的只是功能性方面的需求。

上面主要介绍了参与者和用例这两个概念，参与者之间存在泛化的关系，那么参与者和用例之间存在什么样的关系呢？

关联用于表示参与者和用例之间的对应关系，它表示参与者使用了系统中的哪些服务（用例），或者说系统所提供的服务（用例）是被哪些参与者使用的。

下面通过一个简单的"图书管理系统"用例图（见图 4.6）来说明参与者和用例之间的关系。在图 4.6 的用例图中主要涉及参与者、用例以及二者之间的关联关系。

图 4.6　"图书管理系统"用例图

4.2　用例之间的可视化表示

用例除了与参与者有关联关系外，用例之间也存在着一定的关系，如泛化关系、包含关系、扩展关系等。

4.2.1 包含关系

包含关系指的是两个用例之间的关系，其中一个用例（称为基本用例，Base Use Case）的行为包含了另一个用例（称为包含用例，Inclusion Use Case）的行为。也就是说基本用例会用到包含用例，表示基本用例中重用包含用例中的步骤。在 UML 图中，包含关系使用带虚线的箭头表示，并在线上标有<<include>>，如图 4.7 所示。

图 4.7　包含关系

在包含关系中，箭头的方向是从基本用例到包含用例，也就是说，基本用例是依赖于包含用例的。

4.2.2 扩展关系

扩展关系的基本含义与泛化关系类似。扩展关系是对基本用例的扩展，基本用例是一个完整的用例，即使没有子用例的参与，也可以完成一个完整的功能。扩展的基本用例中将存在一个扩展点（Extension Point），只有当扩展点被激活时，子用例才会被执行。在扩展关系中，对于扩展用例（Extension Use Case）有更多的规则限制，即基本用例必须声明若干扩展点；而扩展用例只能在这些扩展点上增加新的行为和含义。扩展关系是从扩展用例到基本用例的关系，它说明扩展用例定义的行为如何插入基本用例定义的行为中，也就是说扩展用例并不在基本用例中显示。

在以下几种情况下，可以使用扩展用例：

（1）表明用例的某一部分是可选的系统行为（这样就可以将模型中的可选行为和必选行为分开）。

（2）表明只在特定条件（如例外条件）下才执行的分支。

（3）表明可能有一组行为，其中的一个或多个可以在基本用例中的扩展点处插入。所插入的行为和插入的顺序取决于在执行基本用例时与主角进行的交互。

在 UML 图中，扩展关系使用带虚线的箭头表示，并在线上标有<<extend>>，如图 4.8 所示。在还书的过程中，只有在例外条件（读者遗失图书）的情况下，才会执行交罚款的分支。

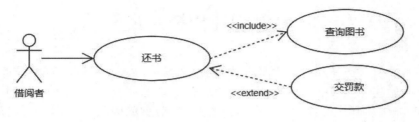

图 4.8　扩展关系

4.2.3　泛化关系

泛化关系指的是一般与特殊的关系。当多个用例共同拥有一种类似的结构和行为的时候，可以将它们的共性抽象成为父用例，其他的用例作为泛化关系中的子用例。在用例的泛化关系中，子用例是父用例的一种特殊形式，它继承了父用例所有的结构、行为和关系。用例之间泛化关系如图 4.9 所示。

图 4.9　泛化关系

4.2.4　分组关系

在一些用例图中，用例的数目可能很多，这时就需要把这些用例组织起来。这种情况在一个系统包含很多子系统时就会出现。另一种可能就是，当我们按顺序和用户会谈，收集系统需求时，每个需求必须用一个单独的用例来表达，这时就需要某种方式来对这些需求进行分类。

最直接的方法就是把相关的用例放在一个包中组织起来。一组用例可以放在一个文件夹中。

综上所述，用例之间存在着一定的关系，这些关系既有联系又有区别。在扩展关系中，基本用例是一个完整的用例，即是可以独立存在的用例。一个基本用例在执行时，可以执行也可以不执行扩展部分。

在包含关系中，基本用例可能是、也可能不是一个完整的用例。在执行基本用例时，一定会执行包含用例部分。

当需要重复处理两个或多个用例时，可以考虑使用包含关系，实现一个基本用例对另一个用例的引用。

当处理正常行为的变型而且只是偶尔描述时，可以考虑只用泛化关系。

当描述正常行为的变型而且希望采用更多的控制方式时，可以在基本用例中设置扩展点，使用扩展关系。

4.3　用例图建模技术及应用

在传统的软件开发方法和早期的面向对象开发方法中,描述系统的功能需求都使用的是自然语言。这样的做法使得系统没有一个统一的格式,随意性很大,容易产生理解上的歧义和不准确性。使用 UML 的用例图模型来描述系统的需求,这些问题就得到了很好的解决。前面已经详细介绍了用例、用例图以及相关的一些概念,下面将利用这些基础概念,结合具体的案例"图书管理系统",根据系统的需求,创建用例图模型。

创建用例图模型主要包括 3 部分内容:

● 识别出系统中的参与者和用例。
● 区分用例之间的先后次序。
● 创建用例图模型结构。

1. 识别出系统中的参与者和用例

创建用例图的第一项任务是要找出系统中的参与者和用例。

这项任务通常是由系统分析员通过与用户进行沟通来完成的。通过与用户进行交流,了解他们的业务需求。对于这些业务需求,需要向用户提出一些问题以得到所需要的答案。这些需求和得到的答案将成为创建用例图的基础信息。

1)如何从系统中识别出参与者

获取系统用例首先要找出系统的参与者,那么如何识别系统的参与者呢?可以从系统要完成的业务中识别出系统的参与者。

通过与用户的交流,让用户回答一些问题来识别参与者,具体可以参考以下问题:

● 谁将使用系统的主要功能?
● 谁需要系统的支持以完成其日常工作任务?
● 谁负责维护、管理并保持系统正常运行?
● 系统需要处理哪些硬设备?
● 系统需要和哪些外部系统交互?
● 谁比较对系统运行产生的结果感兴趣?

这几个问题的答案往往包括了所有与系统相关的用户,进一步分析这些用户以及他们在系统中承担的作用就可以得到参与者。

下面,以一个具体的案例"图书管理系统"来详细说明用例建模的 3 部分内容是怎样进行的。

图书管理系统涉及读者信息管理、借阅信息管理、图书信息管理等多方面的信息管理。系统的使用对象为图书管理员和读者。他们在使用系统时,拥有不同的权限,以完成各自需要完成的工作。

在图书管理系统中,图书管理员要为每个读者建立借阅账号,用于记录读者的个人基本信息和图书的借阅信息;读者的账号信息建立成功后,给读者发借阅证,这时读者就可以凭借该借阅证进行图书的借阅，或是通过网络进行图书信息的查询和检索。

读者在借阅图书时，需要出示借阅证，输入借阅证号，验证借阅证的有效性及是否可续借，如果无效则向读者提示原因，如"卡号不对""已借满，不能续借"等；如果有效则显示读者的基本信息，例如读者的个人资料以及借阅图书的历史信息等。读者提出借阅申请后，管理员对借阅的图书进行登记。

相应地，当读者归还图书信息时，也需要对借阅证进行有效性验证，如果无效，则向读者提示相应的信息；如果有效，则显示读者的基本信息和借阅的图书信息等；读者向管理员归还图书，管理员验证无误后，删除读者对该书的借阅信息，如果超期，则读者需要缴纳一定的罚款才能归还。

此外，当涉及图书信息变更时，例如，新增图书信息或是图书毁坏程度很大需要报损而不能再使用时，图书管理员就需要将图书进行入库或是注销处理。同理，当有新增的借阅者或是要注销借阅者信息时也要做相应的处理。

以上是图书管理系统中的需求分析，根据上述的内容可以确定，在一个图书管理系统中包含的主要功能有图书基本信息管理、图书借阅管理和借阅者信息管理 3 部分。其中图书管理员能进行增加图书基本信息、删除图书信息、增加借阅者信息、删除借阅者信息、管理借书和归还图书记录、查询借阅者信息和图书的基本信息等操作。而普通读者可以实现修改个人信息（如登录密码或其他个人信息等）、查询个人借阅信息和检索图书信息的操作。

进行用例建模需要完成 3 部分内容，第一个内容是要找出系统中的参与者。可以通过与用户的沟通、回答一些问题来辅助找出系统中的参与者。上面几个问题的回答如表 4.3 所示。

表 4.3 找出系统中的参与者

问　　题	回　　答
谁将使用系统的主要功能？	图书管理员和借阅者（读者）
谁需要系统的支持以完成其日常工作任务？	图书管理员
谁负责维护、管理并保持系统正常运行？	图书管理员
系统需要处理哪些硬设备？	无
系统需要和哪些外部系统交互？	无
谁比较对系统运行产生的结果感兴趣？	图书管理员和借阅者（读者）

根据表 4.3 可得出图书管理系统的主要参与者有图书管理员和借阅者（读者）。

2）如何从系统中识别用例

用例的获取是需求分析阶段的主要任务之一。对于一个大系统，要直接列出用例清单常常是十分困难的，这时可先列出参与者清单，再对每个参与者列出它的用例，问题就会变得很容易。在识别出了参与者之后，就可以通过回答下列问题来帮助识别出用例：

● 每个参与者执行的操作有什么？
● 什么参与者将要创建、存储、改变、删除或读取系统中的信息？
● 什么用例会创建、存储、改变、删除或读取这个信息？
● 参与者需要通知系统外部的突然变化吗？

- 系统需要通知参与者正在发生的事情吗？
- 什么用例将支持和维护系统？

【例4.3】对图书管理系统进行需求分析，以及根据第一部分识别出的参与者，可以得出每个参与者相应的需求。

其中，图书管理员可实现如下操作：

- 增加、删除和修改图书基本信息。
- 增加、删除和修改读者信息。
- 管理借书、归还图书记录。
- 查询读者和图书的基本信息。

普通读者可以实现如下操作：

- 修改个人信息（如登录密码或其他个人信息等）。
- 查询个人借阅信息和检索图书。

基于图书管理员和读者参与者及其需求，通过回答前面的问题，可以建立如下用例：

- 借阅图书。
- 归还图书。
- 新增图书。
- 删除图书。
- 修改图书。
- 查询图书。

下面针对图书管理系统中常用的借书、还书、新增图书、注销图书、新增读者、删除读者等典型的用例进行详细的描述。

1）借阅图书用例描述

借阅图书是图书管理系统中的一项基本功能，当读者能有效登录到系统后就可以浏览图书的信息，进行借阅。借阅图书用例的描述如表4.4所示。

表4.4　借阅图书用例描述

用例名称	借阅图书
用例编号	UC002
用例说明	借阅者（读者）如果想从系统中借书，就向系统提出请求，输入相应的信息进行验证，通过后方可借书
参与者	借阅者
前置条件	借阅者成功登录图书管理系统
事件流	1. 输入借阅证号
	如果正确则提示"输入密码"

（续表）

用例名称	借阅图书
事件流	如果不正确则提示"输入有误，请重新输入！"
	2. 输入密码
	如果成功登录，则显示读者可借阅的图书信息，并提示超期未还的图书信息
	如果失败，则提示"密码有误！"
	3. 输入要借阅的图书编号
	如果该读者已经借满，则提示"已经借满，请先归还！"
	如果可以正常借阅，则提示"确定要借阅该书吗？"
	4. 读者单击"确定"按钮，则增加一条借阅记录
	如果放弃，则单击"取消"按钮
后置条件	借阅图书成功后，在图书管理系统中保存该借阅记录

2）还书用例描述

还书是借书的逆过程，即读者要归还借阅的图书。还书用例描述如表 4.5 所示。

表 4.5　还书用例描述

用例名称	归还图书
用例编号	UC003
用例说明	借阅者要归还其借阅的图书
参与者	借阅者
前置条件	借阅者成功登录图书管理系统
事件流	1. 输入借阅证号
	如果正确则提示"输入密码"
	如果不正确则提示"输入有误，请重新输入！"
	2. 输入密码
	如果成功登录，则显示读者可借阅的图书信息，并提示超期未还的图书信息
	如果有超期的图书，则调用"计算罚金"
	如果丢失图书，则调用"计算丢失罚金"
	如果失败，则提示"密码有误！"
	3. 输入要归还的图书编号
	如果输入错误，则提示"未借该书！"
	如果可以正常归还，则提示"确定要归还该书吗？"
	4. 读者单击"确定"按钮，则该条借阅记录消失
	如果放弃，则单击"取消"按钮
后置条件	还书成功后，在图书管理系统中删除借阅记录

3）新增图书用例描述

新增图书用例描述如表 4.2 所示。

4）注销图书用例

在对图书进行管理时，图书有可能因为某些原因而损坏，不能再使用，此时需要将其注销。注销图书用例描述如表 4.6 所示。

表 4.6　注销图书用例描述

用例名称	注销图书
用例编号	UC004
用例说明	图书管理员将系统中损坏严重的图书进行注销
参与者	图书管理员
前置条件	管理员成功登录图书管理系统的图书信息管理
事件流	1. 单击"注销图书"按钮
	2. 查询要注销图书的借阅信息
	如果该图书被借阅，则提示"图书已经被借阅，不能注销！"；如果该图书已经被注销，则不能注销
	如果该图书没有被借阅，则提示"确定要注销此书吗？"
	3. 单击"确定"按钮，注销图书
	如果不能确定要注销图书，则单击"取消"按钮返回
后置条件	图书注销成功后，在图书管理系统中将不能查询到该图书信息

5）新增借阅者用例描述

当读者是第一次到图书馆来办理图书借阅证时，图书管理员要将其基本信息录入系统中，以便于对借阅者信息进行统一的管理。新增借阅者用例描述如表 4.7 所示。

表 4.7　新增借阅者用例描述

用例名称	新增借阅者
用例编号	UC005
用例说明	图书管理员对第一次办理借阅证的借阅者信息进行管理
参与者	图书管理员
前置条件	管理员成功登录图书管理系统中的借阅者信息管理
事件流	1. 单击"新增借阅者"按钮
	2. 将借阅者的基本信息如姓名、电话、年龄等信息录入系统中
	录入成功后，发放借阅证
后置条件	新增借阅者成功后，在图书管理系统中就可以查询到该借阅者信息，就能借阅图书

6）删除借阅者用例描述

当借阅者因为某些原因不需要从图书管理系统中进行图书借阅时，应该删除（注销）该借阅者。删除借阅者用例描述如表 4.8 所示。

表 4.8　删除借阅者用例描述

用例名称	删除借阅者
用例编号	UC006
用例说明	图书管理员对需要删除的借阅者进行管理
参与者	图书管理员
前置条件	管理员成功登录图书管理系统中的借阅者信息管理
事件流	1. 查询借阅者的借阅信息
	如果借阅者有未还的图书记录，则提示"借阅者有借阅的图书未还，不能删除！"
	2. 单击"删除借阅者"按钮
	提示"删除后将不能再借阅图书，确定删除吗？"
	3. 单击"确定"按钮删除借阅者
	如果不能确定要删除借阅者，则单击"取消"按钮返回
	4. 将借阅者的基本信息如姓名、电话、年龄等信息录入系统中
	5. 删除该借阅者的借阅证
	6. 删除成功后，退出系统
后置条件	删除借阅者成功后，在图书管理系统中就不能查询到该借阅者信息，该借阅者不能进行图书借阅

2. 区分用例优先次序

某些用例必须在其他用例之前完成，因为它们之间要相互依赖。例如，在借阅图书之前，系统必须记录图书的基本信息。因此，新增图书是最重要的用例。

3. 构建用例图模型

将已确定并细化的参与者和用例放入用例图中，此时再借助包含、扩展和泛化的关系给出用例之间的结构模型。

在系统需求分析中需考虑：系统用例图模型需要哪些视图，每个视图包含什么内容？视图中的成员是否需要构成包？

下面针对上述的图书管理系统，为其建立用例图模型。

【例 4.4】图书管理系统用例图。

图书管理系统按其业务功能分成借阅者管理、图书管理、借书、还书和用户管理等几部分，这些职能对应于系统的不同组织部门。

1）系统参与者

图书管理系统针对的对象是借阅者，图书管理员可以对图书信息进行管理。图 4.10 是图书管理系统参与者分析的用例图，其中参与者"借阅者"是抽象角色。

图 4.10　系统参与者

2）图书管理

图书馆中的图书根据需求进行更新是一项日常业务，因此在设计该系统时，也要为此设计用例。管理员成功登录图书管理系统的图书信息管理子系统，进行图书的新书入库、删除、修改等操作。图书管理的用例图如图 4.11 所示。

图 4.11　图书管理用例图

3）图书借阅和还书用例图

借阅图书是图书馆提供的一项基本服务。在图书管理系统的建模过程中，将这一行为抽象为一个用例。借阅者通过系统验证后，成功登录系统进行图书的借阅和归还。

图书的借阅和归还用例图如图 4.12 所示。

图 4.12　图书借阅和归还用例图

综上所述，图书管理系统的整体用例图如图 4.13 所示。

图 4.13　图书管理系统整体用例图

【例 4.5】超市进销存管理系统用例图。

1）超市进销存系统的需求

超市进销存系统的需求包含销售管理、库存管理、订货管理和统计分析 4 部分。

（1）销售管理：

- 售货员接收顾客订购，输入顾客购买的商品，计算总价。
- 顾客付款并接收清单。
- 售货员保存顾客购买商品的记录清单。

（2）库存管理：

- 库存管理员每天进行一次库存盘点。
- 库存管理员如果发现库存商品有损坏，就及时到相关部门报损。
- 在供应商的商品到货时，库存管理员首先检查商品是否合格，并将合格的商品进行入库处理；当商品进入卖场时，进行商品出库处理。
- 经理、订货员根据需要进行库存商品的模糊查询或详细查询。

（3）订货管理：

- 订货员用新商品供应商信息更新供应商数据库的信息。
- 订货员统计库存商品是否低于库存下限，然后制作订货单。

（4）统计分析：

● 经理能够使用系统的统计功能，了解商品销售情况、库存情况、供应商情况，以便制订合理的营销策略。

● 经理按市场情况适时变动商品价格。

2）建立超市进销存系统的用例图模型

超市进销存管理系统按其业务功能分成订货管理、销售管理、库存管理和统计分析4部分，这些功能对应于系统的不同组织部门。

（1）系统参与者。

超市服务的对象是顾客，超市系统内部员工可以按人员的职能进行分类。图4.14是超市进销存管理系统中参与者分析的用例图。其中，"员工"和"管理员"角色是抽象角色。

（2）超市进销存管理系统的顶层用例图。

超市进销存管理系统中设计的参与者有员工，是顶层抽象参与者，主要包括管理员和售货员角色。其中管理员也是抽象参与者，包括库存管理员、统计分析员和订货员。每个参与者对应于系统不同的功能。

售货员主要针对系统中的销售管理；订货员主要负责订单的管理；库存管理员针对的是系统中的库存管理；统计分析员主要是进行系统中的所有统计查询；系统中所有的参与者在使用系统提供的功能时都需要进行身份的验证。超市进销存管理系统的顶层用例图如图4.15所示。

图4.14 超市进销存系统参与者之间的泛化关系

图4.15 超市进销存管理系统的顶层用例图

（3）销售管理子系统的用例图。

销售管理子系统主要涉及的人员有售货员和顾客。售货员可以提取商品信息，主要包括更新商品信息、当产生销售时更新销售信息。而顾客可以浏览商品信息、打印购物清单。销售管理子系统的用例图如图 4.16 所示。

图 4.16　销售管理子系统的用例图

（4）订货管理子系统的用例图如图 4.17 所示。

图 4.17　订货管理子系统的用例图

（5）库存管理子系统的用例图如图 4.18 所示。

图 4.18　库存管理子系统的用例图

（6）统计分析子系统的用例图如图 4.19 所示。

图 4.19　统计分析子系统的用例图

（7）身份验证子系统的用例图如图 4.20 所示。

图 4.20　身份验证子系统的用例图

4.4　小　　结

用例建模是实现系统需求分析的一个很好的方法，使得系统分析员和用户能够更好地沟通系统的需求。用例图是显示一组用例、参与者以及它们之间关系的图。其中参与者在 UML 中通常以一个直立人的图形符号来表示，用例在 UML 中通常用一个椭圆图形符号来表示。

不仅用例与参与者之间具有关联关系，用例之间也存在着泛化关系、包含关系、扩展关系等。

面向对象和用例是 UML 中两个非常重要的基础概念，本章主要结合两个案例介绍了系统用例建模的方法，从下一章开始将详细介绍 UML 中其他的几种图。

4.5　习　　题

1. 什么是参与者？如何确定系统的参与者？

2．什么是用例？如何确定系统的用例？

3．用例之间有哪些关系？对每一种关系，请举出一个实际的例子，并画出用例图。

4．试画出学生选课系统的用例图。

5．学生管理系统中有一个模块是报到登记，具体流程：在新生入校报到时，进行新生信息登记，可以对学生的报到资料、个人基本情况进行输入、查询、修改等操作。

问题：写出上述需求描述中出现的参与者，并根据上述描述绘制其用例图。

第 5 章

类图和对象图

本章导读

　　类图是 UML 的静态机制中的重要组成部分，它不仅是设计人员关心的核心，也是实现人员关注的重点。建模工具也主要根据类图来产生代码。类图在 UML 2.5 的 14 种图中占据了一个相当重要的位置。

　　类图是一种显示系统中的类、接口以及它们之间的静态结构和关系的静态模型，用于描述系统的结构。类图的建模贯穿系统的分析和设计阶段的始终，通常从用户能够理解的用例开始，最终到系统开发小组能够完全理解的类。

　　对象图基于类图，但它关注于系统某一时刻（或执行某一操作时）的实例化状态。对象图展示了对象之间的关系及其当前的状态，包括对象的属性值和对象间的链接。对象图用于描述系统运行时的具体情况，帮助理解和分析系统的动态行为和对象间的交互。

　　本章将重点介绍类图、对象图及其相关的概念。

本章要点

- 理解类图和对象图的相关概念，掌握类的定义以及类的可视化表示。
- 理解并掌握类之间的关系：依赖关系、泛化关系、关联关系和实现关系。
- 理解对象的基本概念及对象的可视化表示。
- 能够利用类图正确地描述系统结构。

5.1 类图和对象图概述

5.1.1 类图的概述

类是对一组具有相同属性、操作、关系和语义的对象的抽象，主要包括名称（Name）部分、属性（Attribute）部分和操作（Operation）部分。在 UML 中，类图用一个矩形框表示，它包含 3 个区域，最上面是类名，中间是类的属性，最下面是类的方法，如图 5.1 所示。一个具体的类图如图 5.2 所示。

类名
+属性
+操作()

图 5.1 类图

图 5.2 类说明

1）名称

每个类都必须有一个能和其他类进行区分的名称，类的名称部分是不能省略的，其他组成部分可以省略。类的名称是一个字符串，要求是由字符、数字、下画线组成的唯一字符串。表示方法有两种：

（1）简单名：如图 5.2 中的 Account，它只是一个单独的名称。

（2）全名：也称为路径名，就是在类名前面加上包的名称，例如图 5.2 中的 Business::Account。

2）属性

属性描述了类在软件系统中代表的事物（即对象）所具备的特性。类可以有任意数目的属性，也可以没有属性。类如果有属性，则每一个属性都必须有一个名字，例如图 5.2 中的 Account 类中的 balance 属性。另外，属性还可以有其他的描述信息，如可见性、数据类型、默认值等。

在 UML 中，类属性的语法为：

[可见性] 属性名 [:类型] [=初始值] [{属性字符串}]

说明如下：

- 可见性：类中属性的可见性主要包括公有（Public）、私有（Private）和受保护（Protected）。在 UML 中，用"+"表达公有类型，用"-"表达私有类型，用"#"表达受保护类型。UML 的类中不存在默认的可见性，如果没有显示任何一种符号，就表示没有定义该属性的可见性。
- 属性名：每个属性都必须有一个名字用以区别于类中的其他属性，这是类的一个特性。属性名由描述所属类的特性的名词或名词短语组成。按照 UML 的约定，单字属性名小写。如果属性名包含多个单词，那么这些单词要合并，并且除了第一个单词之外其余单词的首字母要大写。例如，在图 5.2 中 balance 是属性名，是私有属性。

- 类型：说明属性的数据类型。在类的图标里，可以指定每个属性值的类型。可能的类型包括字符串（string）、浮点型（float）、整型（int）和布尔型（boolean）（以及其他的枚举类型）。指明类型时，需要在属性值后面加上类型名，中间用冒号隔开。还可以为属性指定一个默认值。
- 初始值：为了保护系统的完整性，防止漏掉取值或被非法的值破坏系统的完整性，可以设定属性的初始值。图 5.2 中的 balance 属性的数据类型是 double，且初始值等于 1。
- 属性字符串：属性字符串用来指定关于属性的其他信息，例如某个属性应该是永久的。任何希望添加在属性定义字符串里又没有合适地方可以加入的规则，都可以放在属性字符串里。

3）操作

操作是对类的对象所能做的事务的一个抽象。一个类可以有任意数量的操作或者根本没有操作。类如果有操作，则每一个操作也都有一个名字。其他可选的信息包括可见性、参数的名字、参数类型、参数默认值和操作的返回值的类型等。

在 UML 中，类操作的语法为：

［可见性］操作名［（参数表）］［:返回类型］［{属性字符串}]

说明如下：

- 可见性：类中操作的可见性主要包括公有（Public）、私有（Private）、受保护（Protected）和包内公有（Package）。在 UML 中，公有类型用"+"表示，私有类型用"-"表示，受保护类型用"#"表示，包内公有类型用"~"表示。
- 操作名：用来描述所属类的行为的动词或动词短语。
- 参数表：一些按顺序排列的属性定义了操作的输入。该项是可选的，即操作不是必须有参数。参数的定义方式为"名称：类型"。若存在多个参数，则各个参数用逗号隔开。参数可以具有默认值。
- 返回类型：是可选的，即操作不是必须有返回类型。绝大部分编程语言只支持一个返回值。具体的编程语言一般要加一个关键字 void 来表示无返回值。
- 属性字符串：在操作的定义中加入一些除了预订义元素之外的信息。

像前面给类的属性指定附加信息一样，也可以给操作指定附加信息。在操作名后面的括号中可以说明操作所需要的参数和参数的类型。有一种操作叫作函数（Function），它在完成操作后要返回一个返回值，可以指明函数的返回值及返回值的类型。

例如，图 5.2 中共有两个操作，分别是 Deposite(Amount:double):int 和 ComputeInterest()，其中 Amount:double 是参数列表，int 是操作返回值的类型。

4）职责

职责位于操作部分下面的区域，可以用来说明类要做什么或说明另一个类的信息。类的职责可以是一个短语或一个句子。在 UML 中，把职责列在类图底部的分隔栏中。如图 5.3 所示，借阅者类的职责是借阅者可以从图书管理系统中借阅图书和归还图书。

借阅者

-借阅证号:int
-是否有借阅资源:int
+类别:string
+姓名:string
+性别: string

+借书(): void
+还书(): void

{类别=教师 or 学生 or 行政管理人员}

图 5.3　借阅者类图

5）约束

说明类的职责是消除二义性的一种非形式化的方法，形式化的方法是使用约束。约束指定了该类所要满足的一个或多个规则。在 UML 中，约束是用{}的格式写在类的边上，指定个别属性的取值范围。

花括号中的文本指定了该类所要满足的一个或者多个规则。例如，假设想指定借阅者类的类别只能是教师、学生或者行政管理人员（也就是说给借阅者类的"类别"属性加上约束），可以在借阅者类图标的旁边写一个约束"{类别=教师 or 学生 or 行政管理人员}"，如图 5.3所示。

【例 5.1】图书管理系统中的借阅者类的名称为"借阅者"，共有 5 个属性，即借阅证号、是否有借阅资源、类别、姓名和性别；操作有借书和还书，如图 5.3 所示。

在图 5.3 中，借阅者是类的名称，在 5 个属性中，借阅证号、是否有借阅资源是私有属性，类型都为 int；类别、姓名和性别是公有属性，类型都是 string。两个操作都是公有的，均没有返回值。

图 5.3 中的借阅者类，用 Java 实现的程序如下：

```java
public class Borrower
{
    //定义属性
    private int borrowerId;
    private int orNotCanBorrow;
    public String type;
    public String name;
    public String sex;

    //定义操作
    public void borrowBooke()
    {
        ......
    }
    public void returnBooke()
    {
        ......
    }
}
```

5.1.2 对象图的概述

上一小节详细介绍了类图的基本概念，下面将介绍对象图的相关概念，并将类图和对象图进行比较。

1. 对象

对象指的是一个单独的、可确认的物体、单元或实体，它可以是具体的也可以是抽象的，在问题领域里有确切定义的角色。换句话说，对象是边界非常清楚的任何事物。一个对象通常包含以下几部分：

● 标识（名字）：为了将一个对象与其他的对象区分开，通常会给对象起一个"标识"，也就是"对象名"。

● 状态（属性）：对象的状态包括对象的所有属性（通常是静态的）和这些属性的当前值（通常是动态的）。

● 行为（方法，事件）：没有一个对象是孤立存在的，对象可以被操作，也可以操作别的对象。而行为就是一个对象根据它的状态改变和消息传送所采取的行动和所做出的响应。

人们经常会将对象和类的概念混淆，对象和类的区别如下：

● 对象是一个存在于时间和空间中的具体实体，而类是对对象的"本质"的一个抽象。

● 类共享一个公用结构和一个公共行为对象集合。

● 类是静态的，对象是动态的；类是一般化，对象是个性化；类是定义，对象是实例；类是抽象，对象是具体。

2. 对象图

对象图描述的是参与交互的各个对象在交互过程中某一时刻的状态。对象图可以看作类图在某一时刻的实例。在 UML 中，对象图使用的是与类图相同的符号和关系，因为对象就是类的实例。一个对象图如图 5.4 所示。

```
xChen : Account
─────────────────
number = 800
banlance = 1000.5
```

图 5.4　对象图

对象图主要包括以下几部分：

● 对象名：由于对象是一个类的实例，因此其名称的格式是"对象名：类名"，这两个部分是可选的，但如果包含了类名，则必须加上"："；另外，为了和类名区分，对象名还必须加上下画线。

● 属性：由于对象是一个具体的事物，所有的属性值都已经确定，因此通常会在属性的后面列出其值。

对象图和类图在 UML 图形表中很相似，但是二者也存在着区别，如表 5.1 所示。

表 5.1　类图和对象图的区别

类　　图	对　象　图
类具有 3 个分栏：名称、属性和操作	对象只有两个分栏：名称和属性
在类的名称分栏中只有类名	对象的名称形式为"对象名：类名"，匿名对象的名称形式为"：类名"
类的属性分栏定义了所有属性的特征	对象只定义了属性的当前值，以便用于测试用例
类中列出了操作	对象图中不包括操作，因为对属于同一个类的对象而言，其操作是相同的
类使用关联连接，关联使用名称、角色、多重性以及约束等特征定义。类代表的是对对象的分类，所以必须说明可以参与关联的对象的数目	对象使用链连接，链拥有名称、角色，但是没有多重性。对象代表的是单独的实体，所有的链都是一对一的，因此不涉及多重性

5.1.3　接口

接口是描述类的部分行为的一组操作，它也是一个类提供给另一个类的一组操作。通常接口被描述为抽象操作，也就是只用标识（返回值、操作名称、参数表）说明它的行为，而真正实现部分放在使用该接口的对象中，即接口只负责定义操作而不负责具体的实现。

接口的模型表示法和类大致相同，都是用一个矩形图标来代表。它和类的不同之处在于，接口只是一组操作，没有属性。在 UML 图形上，接口的表示和类图的表示类似，只是要在最上面的一层类名前加描述<<interface>>，或是简化表示为圆圈，如图 5.5 所示。

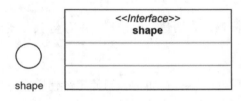

图 5.5　接口

5.1.4　抽象类

抽象类是包含一种或多种抽象方法的类，它本身不需要构造实例。定义抽象类后，其他类可以对它进行扩充，并且通过实现其中的抽象方法，使抽象类具体化。在 UML 中，抽象类的图形表示和类图一样，只是要在最上面一层的类名前加描述<>，或是在类的属性描述上设置该类为抽象类，抽象类的类名用斜体表示。如图 5.2 所示的 Account 类被定义为抽象类，其类名用斜体表示。

接口与抽象类非常相似，例如，两者都不能产生实例对象，都可以作为一种定义使用。但接口和抽象类仍有本质的不同，这些不同包括：

（1）抽象类可以包含某些实现代码，但接口没有任何实现部分。

（2）抽象类可以包含属性，但接口没有。

（3）接口可以被结构继承，但抽象类不行。

（4）抽象类可以有构造函数和析构函数，但接口都没有。

（5）抽象类可以继承其他类和接口，但接口仅能继承接口。

（6）接口支持多继承，但抽象类仅支持单继承。

5.2　类之间的关系

关系是指事物之间的联系。在面向对象的建模中，类之间常见的关系有依赖关系、泛化关系、关联关系和实现关系。在 UML 图形上，把关系画成一条线，并用不同的线型来区别关系的种类。

5.2.1　依赖关系

依赖关系表示两个或多个模型元素之间语义上的关系。它表示了这样一种情形，一个元素（服务提供者）的某些改变可能会影响或提供消息给其他元素（使用者），即使用者以某种形式依赖于其他类元。在 UML 图形上，把依赖画成一条有向的虚线，指向被依赖的事物，如图 5.6 所示。当要指明一个事物使用另一个事物时，就使用依赖。

图 5.6　依赖关系

UML 定义了 4 种基本依赖，分别是使用依赖、抽象依赖、授权依赖和绑定依赖。

1）使用依赖

使用依赖是一种非常直接的关系，它通常表示使用者使用服务提供者所提供的服务实现它的行为。使用依赖关系的说明如表 5.2 所示。

表 5.2　使用依赖关系的说明

依赖关系	功　　能	关　键　字
使用	声明使用一个模型元素需要用到另一个已经存在的模型元素，这样才能正确实现使用者的功能（包括了调用、参数、发送和实例化）	use
调用	声明一个类调用其他类的操作的方法	call
参数	声明一个操作和它的参数之间的关系	parameter
发送	声明信号发送者和信号接收者之间的关系	send
实例化	声明用一个类的方法创建了另一个类的实例	instantiate

2）抽象依赖

抽象依赖表示使用者和提供者之间的关系，它依赖于在不同抽象层次上的事物。抽象依赖共有 3 种类型：跟踪依赖（<<trace>>）、精化依赖（<<refine>>）和派生依赖（<<derive>>）。抽象依赖关系的说明如表 5.3 所示。

表 5.3　抽象依赖关系的说明

依赖关系	功　　能	关　键　字
跟踪	声明不同模型中的元素之间存在一些连接，但是不如映射精确	trace
精化	声明具有两个不同语义层次上的元素之间的映射，即在不同的抽象层次对相同概念的类进行建模时，要使用精化。例如，在分析阶段，有 Customer 类，在设计阶段要将 Customer 类进行精化，详细到可以实现的程度	refine
派生	声明一个实例可以从另一个实例导出，当对两个属性或两个关联建模时（其中一个是具体的，另一个是概念的），要使用派生。例如，Person 类可以有 BirthDate 属性（具体的）和 Age 属性（概念的，可以从 BirthDate 中导出，因此在类中不必另外表示），可以用派生依赖表示 Age 和 BirthDate 之间的关系，表明 Age 是从 BirthDate 属性派生的	derive

3）授权依赖

授权依赖表达了一个事物访问另一个事物的能力。提供者可以规定使用者的权限，这是提供者控制和限制对其内容进行访问的方法。授权依赖主要有 3 种类型：访问依赖（<<access>>）、导入依赖（<<import>>）和友元依赖（<<friend>>）。授权依赖关系的说明如表 5.4 所示。

表 5.4　授权依赖关系的说明

依赖关系	功　　能	关　键　字
访问	允许一个包访问另一个包的内容	access
导入	允许一个包访问另一个包的内容，并为被访问包的组成部分增加别名	import
友元	允许一个元素访问另一个元素，不管被访问的元素是否具有可见性	friend

4）绑定依赖

它表明对目标模板使用给定的实际参数进行实例化。当对模板类的细节建模时，要使用绑定（<<bind>>）。例如，模板容器类和这个类的实例之间的关系被模型化为绑定依赖。绑定包括一个映射到模板的形式参数的实际参数列表。绑定依赖关系的说明如表 5.5 所示。

表 5.5　绑定依赖关系的说明

依赖关系	功　　能	关　键　字
绑定	为模板参数指定值，生成一个新的模型元素	bind

【例 5.2】在图 5.7 中，模板类 Stack<T>定义了栈相关的操作；IntStack 将参数 T 与实际类型 int 绑定，使得所有操作都针对 int 类型的数据。

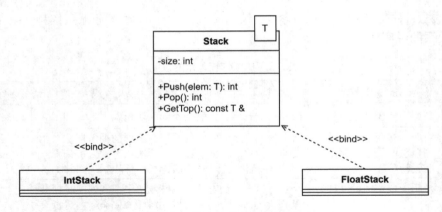

图 5.7　绑定依赖关系的实现

对于例 5.2 中表示的绑定依赖关系，使用 C++实现的代码如下：

```cpp
template<typename T>
class Stack
{
    private:
        int size;
    public:
        int Push (T elem);
        int Pop ();
        const T& GetTop ();
};

typedef Stack<float> FloatStack;
```

5.2.2　泛化关系

泛化关系是一种存在于一般元素和特殊元素之间的分类关系，它只使用在类型上，而不是在实例上。在类中，一般元素被称为超类或父类，而特殊元素则被称为子类。在 UML 中，泛化关系用一条从子类指向父类的带空心三角箭头的实线表示，如图 5.8 所示。

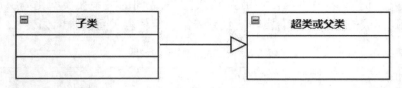

图 5.8　泛化关系

【例 5.3】在图 5.9 中 Account 类是抽象类；SavingsAccount 类是子类，继承父类的方法。

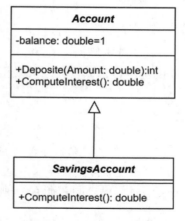

图 5.9　泛化关系实现

对于例 5.3 中表示的泛化关系，使用 C++实现的代码如下：

```
class SavingsAccount : public Account
{ };
```

5.2.3　关联关系

关联关系是一种结构关系，它指明一个事物的对象与另一个事物的对象之间的联系。也就是说，关联描述了系统中对象或实例之间的离散连接。给定一个连接两个类的关联，可以从一个类的对象联系到另一个类的对象。关联的两端都连接到一个类在理论上也是合法的。在 UML 图形中，关联关系用一条连接两个类的实线表示。

例如，类 Library（图书馆类）与类 Book（书类）就是一种一对多的关联，如图 5.10 所示，表明每一个 Book 实例仅被一个 Library 实例所拥有。此外，给定一个 Book，能够找到它所属的 Library；给定 Library，能够找到它的全部 Book。

图 5.10　关联关系

图 5.10 中表示的关联关系，使用 C++实现的代码如下：

```
// 类 Library 的源码
public class Library
{
    public Book  theBook;
    public Library(){ }
}
// 类 Book 的源码
public class Book
{
    public Library  theLibrary;
```

```
    public Book(){ }
}
```

在 UML 中，有几种可应用到关联的基本修饰：关联名、关联端的角色、关联端的多重性和聚合。下面分别介绍这 4 种关联的基本修饰以及其他关联相关的概念。

1）关联名

关联名即名称，用来描述关联的性质，通常使用一个动词或动词短语来命名关联，因为它表明源对象正在目标对象上执行的动作。为了消除名称含义的歧义，UML 图中为读者提供了一个指引名称方向的三角形，表明名称的方向。

例如，在图书管理系统中的书与书目记录之间存在着一种关联关系，这种关联关系可以称为"拥有"，方向是指向书目类，如图 5.11 所示。

图 5.11　关联关系名称设置

此外，在描述关联关系时，可以分别给关联的两端命名，如果关联的端点已经明确给出了名称，则不需要给关联关系取名。如果一个类有多个关联关系，为了进行区分，可以使用关联名或者关联端点名。如果一个关联有多个端点在一个类上，则需要给关联端点命名以便区分。

2）角色

当一个类处于关联的某一端时，该类就在这个关系中扮演了一个特定的角色。它呈现的是对另一端的职责。可以显式地命名一个类在关联中所承担的角色。关联端点承担的角色称为端点名（或角色名），端点名称是名词或名词短语，以解释对象是如何参与关联的。关联关系的角色设置如图 5.12 所示。

图 5.12　关联关系的角色设置

3）多重性

关联表示了对象间的结构关系。在建模时，有时需要说明一个关联的实例中有多少个相互连接的对象，此时就用到了多重性。即多重性是指有多少对象可以参与该关联。多重性可以表达一个取值范围、特定值、无限定的范围或一组离散值。

格式："minimum..maximum"（均为 int 型）。

赋给一个端点的多重性表示该端点可以有多少个对象与另一个端点的一个对象关联，可以是一对一（one-to-one）、一对多（one-to-many）、一对一或多（one-to-one or more）、一对零或一（one-to-zero or one）、一对有限间隔（one-to-a bounded interval，例如，一对 5 到 10）、一对 n（one-to-exactly n），或者一对一组选择（one-to-a set of choices，例如，一对 9 或 10）。

以典型的大学课程为例，一门课程由一名教师来讲授。课程和教师之间就是一个一对一（one-to-one）的关联。然而，对于一个研讨教学课程来说，在一个学期中可以由好几名教师来讲授这门课程。在这种情况下，课程和教师之间是一个一对多（one-to-many）的关联。

UML 使用星号（*）来代表许多（more）和多个（many）。在一种语义中，两点代表 or（或）关系，例如"1..*"代表一个或者多个。在另一种语义中，or 关系用逗号来表示，例如"5，10"代表 5 或者 10。图 5.11 中所示就是 1 对 0 或多。

4）聚合

两个类之间的简单关联表示了两个同等地位类之间的结构关系，这也说明这两个类是同一级别的，一个类并不比另一个类重要。在实际建模中，往往需要对"整体/部分"的关系进行描述，一个类描述了一个较大的事物（整体），它由较小的事物（部分）组成。聚合关系正是表示整体和部分关系的关联。聚合描述了"has-a"的关系，意思是整体对象拥有部分对象。实质上，聚合就是一种特殊的关联。

例如，在对学校的组织结构进行建模时，学校和系部之间就存在着这种"整体/部分"的关系，因为一所学校里肯定会设置多个系部，如图 5.13 所示。在 UML 中聚合关系用带空心菱形的实线来表示，其中头部指向整体。

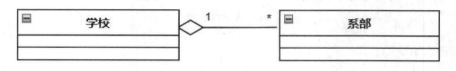

图 5.13　聚合

5）组合关系

需要注意的是，聚合的含义完全是概念性的，空心菱形只是把整体和部分区别开，简单的聚合没有改变整体和部分之间跨越关联的导航含义，也不与整体和部分的生命周期相关。组合关系是聚合关系中的一种特殊情况，是更强形式的聚合，又被称为强聚合。在组合中，成员对象的生命周期取决于聚合的生命周期，聚合不仅控制着成员对象的行为，而且控制着成员对象的创建和撤销。这就意味着，在组合式聚合中，一个对象在一个时间段内只能是一个组合的一部分。例如，在图 5.14 中，一个菜单只属于一个窗口。

此外，在组合式聚合中，整体要对它的各个组成部分进行处置，也就是说整体必须管理它的部分的创建和撤销。例如，在图 5.14 中，在创建一个菜单时，必须将它附加到一个它所属的窗口中；相应地，在撤销一个窗口时，必须依次撤销它的菜单和按钮。在 UML 中，组合关系用带实心菱形的实线来表示，其中头部指向整体。

图 5.14　组合

6）导航性

正如对象是类的实例一样，关联也有自己的实例。导航性描述的是一个对象通过链（关联的实例）进行导航访问另一个对象，即对一个关联端点设置导航属性意味着本端的对象可以被另一端的对象访问。可以在关联关系上加箭头表示导航方向，如图 5.15 所示。

图 5.15　导航性

导航共分为两类：

- 单向关联（Unidirection Association）：只在一个方向上可以导航的关联，用一条带箭头的实线来表示。
- 双向关联（Bidirection Association）：在两个方向上都可以导航的关联，用一条没有箭头的实线来表示。另外使用导航性可以降低类之间的耦合度，这也是面向对象分析与设计的目标之一。

7）关联类

在两个类之间的关联关系中，关联本身可以具有特性，即关联和类一样，也可以有自己的属性和操作。这种情况下，该关联实际上被视为一个关联类（Association Class）。例如，在图 5.16 中，Company 和 Person 之间存在雇主与雇员的关系，这种关系通过一个名为 Job 的关联类来特征化，Job 类与一对 Company 和 Person 直接相关。在这个关系中，Company 类和 Person 类之间的关系是通过 Job 类建立的。要想表达 Company 类与 Person 类之间的关联关系，关键在于工作岗位和岗位工资。如果没有关联类 Job，则需要将工资属性添加到 Person 类或 Company 类中，这显然是不合适的。因此，需要将工资属性放在关联关系上，这就是设计关联类的原因。在图 5.16 中，Job 既充当了关联关系的角色，也是一个关联类，主要用于描述 Company 类与 Person 类之间的关系。

图 5.16　关联类

因此，关联类是同时具有类和关系特征的模型元素，一个关联类可以看作一个拥有类特性的关联，也可以看作一个拥有关联特性的类。关联类的可视化表示方式与一般的类相同，但是要用一条虚线把关联类和对应的关联线连接起来。关联类也可以与其他类关联。

8）约束

两个类之间的一个关联可能对应了一个规则，可以通过在关联线附近加注一个约束来说明这个规则。UML 中提供了一种简便、统一和一致的约束，是各种模型元素的一种语义条件或规则。例如，一个 Bank Teller（银行出纳员）为一个 Customer（顾客）服务，但是服务的顺序要按照顾客排队的次序进行。在模型中可以通过在 Customer 类附近加上一个由花括号括起来的"order"（有序）来说明这个规则（也就是指明约束），如图 5.17 所示。

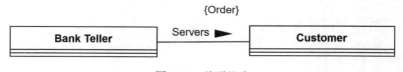

图 5.17　关联约束

另一种类型的约束是 or（或）关系，通过在两条关联线之间连一条虚线，并在虚线之上标注{or}来表示这种约束。

5.2.4　实现关系

实现将一种模型元素与另一种模型元素连接起来，比如类和接口。泛化和实现关系都可以将一般描述与具体描述联系起来。泛化关系将同一语义层上的元素连接起来，通常建立在同一模型内。实现关系则将不同语义层内的元素连接起来，通常建立在不同的模型内。

实现关系通常在两种情况下被使用：在接口与实现该接口的类之间；在用例以及实现该用例的协作之间。

在 UML 中，实现关系的符号泛化关系的符号类似，用一条带有指向接口的空心三角箭头的虚线表示。实现关系的一个示例如图 5.18 所示。

图 5.18　实现关系

实现关系还有一种省略的表示方法，即接口表示为一个小圆圈，并将它和实现接口的类用一条线段连接，如图 5.19 所示。

图 5.19　实现关系省略表示

对于图 5.19 中的实现关系，使用 C++实现的代码如下：

```cpp
class Shape
{
    public:
            virtual void Draw()= 0;
};
class Circle : public Shape
{
    public:
            void Draw();
    private;
            Point ptCenter;
            int nRadius;
};
```

5.3　类图的建模技术及应用

在软件开发的不同阶段，根据抽象层次的不同，会使用到不同层次的类图，包括概念层、说明层和实现层。在 UML 中，类图的建模过程遵循从需求分析到最终设计的顺序，围绕这三个层次的观点进行。类图的建模首先从概念层开始，接着是说明层，最后是实现层，这一过程伴随着抽象层次的逐步降低和细节的逐步增加。下面从层次的角度来说明建立类图的过程。

5.3.1　类图的建立过程

1. 概念层类图

概念层的类图描述的是现实世界中对问题领域的概念理解，类图中表达的类与现实世界的问题领域中的实际事物有着明显的对应关系，类之间的关系也与问题领域中实际事物之间的关系有着明显的对应关系。在概念层类图阶段很少考虑或者几乎不需要考虑类的实现问题。

概念层类图中的类和类关系与最终的实现类并不一定有直接和明显的对应关系。在概念层上，类图着重于对问题领域的概念化理解，而不是实现。因此，类名通常都是问题领域中实际事物的名称，并且独立于具体的编程语言。例如，圆形类的概念层类图表示如图 5.20 所示。

2. 说明层类图

在说明层阶段主要考虑的是类的接口部分，而不是实现部分。这个接口可能因为实现环境、运行特性等因素有着多种不同的实现。图 5.21 是一个说明层类图的表示。

图 5.20　概念层类图

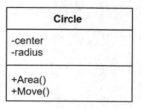

图 5.21　说明层类图

3. 实现层类图

真正需要考虑类的实现问题是在实现层类图阶段。因为该阶段提供了实现的细节，所以在实现层阶段的类的概念才是真正严格意义上的类，它揭示了软件实体的构成情况。说明层的类有助于人们理解软件，而实现层的类是最常用的。一个实现层类图如图 5.22 所示。

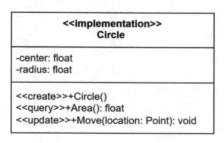

图 5.22　实现层类图

使用 UML 对系统进行建模时，最终的目标是识别出系统中所有必需的类，并分析这些类之间的关系，类的识别贯穿于整个建模过程。分析阶段主要识别问题领域相关的类，在设计阶段需要加入一些反映设计思想、方法的类以及实现问题领域所需要的类，而在编码实现阶段，因为语言的特点，可能需要加入一些其他的类。

建立类图的步骤如下：

01 研究分析问题领域，对系统进行需求分析，确定系统需求。

02 确定系统中的类，明确类的含义和职责，以及确定类的属性和操作。

03 确定类之间的关系。

5.3.2 类的识别方法

对系统进行建模时，对类的识别是一个需要大量技巧的工作，寻找类的方法包括：名词识别法，从用例中识别类，使用 CRC 分析法，对领域进行分析或利用已有领域分析结果得到类，利用 RUP 中在分析和设计中寻找类的步骤。下面介绍几种常用的类的识别方法。

1. 名词识别法

名词识别法的关键是识别系统问题领域中的实体。在对系统进行描述时，应该使用问题领域中的概念和命名，通过分析系统描述来识别名词及名词短语，其中的名词往往可以标识为对象，而复数名词往往可以标识为类。

2. 从用例中识别类

用例图是对系统进行需求分析而建立的图形描述，实质上是一种系统描述的形式，自然可以用来识别类。针对各个用例，可以提如下的问题来帮助我们识别系统中的类：

- 用例描述中有哪些实体？
- 用例的完成需要哪些实体进行合作？
- 用例执行过程中会产生并存储了什么信息？
- 用例要求与之关联的每个角色的输入是什么？
- 用例反馈与之关联的每个角色的输出是什么？
- 用例需要操作哪些硬设备？

在面向对象应用中，类之间传递的信息数据一种可能是将其映射为发送方的某些属性，一种可能就是该信息数据本身就是一个对象。综合不同的用例识别结果，就可以得到整个系统的类，在类的基础上，我们又可以分析用例的动态特性来对用例进行动态行为建模。在面向对象的应用中，类之间传递的信息或数据可以有两种形式：一种是将信息映射为发送方的某个属性，另一种是将该信息数据视为一个独立的对象。通过综合分析不同用例的识别结果，我们能够确定整个系统所需的类。有了这些类的定义之后，我们进一步可以分析各个用例的动态特性，据此对用例进行动态行为建模。

3. 使用 CRC 分析法

CRC（Class，Responsibilities，Collaboration）卡的最大价值在于帮助人们跳出传统的思维模式，更加深入和集中地探索对象技术的精髓。CRC 方法促进了整个项目团队成员对系统设计的共同参与，参与设计的人员越多，能够收集到的信息也就越多。和不同的视角。在 CRC 会议中，团队成员通过模拟系统内对象间的交互，传递消息给其他对象，并逐步处理这些消息，从而容易地找到问题的解决方案。这种互动式的设计过程不仅促进了团队合作，还有助于深化对系统如何运作的理解。CRC 卡由 3 部分组成：类（Class）、职责（Responsibility）和协作（Collaborator）。

- 类：代表一系列对象的集合，这些对象是对系统设计的抽象建模，可以是一个人、一件物品等。类名写在整个 CRC 卡的最上方。

- 职责：包括这个类对自身信息的了解，以及这些信息将如何运用。例如，对于一个人，不仅知道他的电话号码、地址、性别等属性，还知道他具有说话、行走等行为能力。这个部分写在 CRC 卡的左边。
- 协作：指代另一个类，通过这个类获取我们想要的信息或者相关操作。这个部分写在 CRC 卡的右边。

CRC 卡的示例如表 5.6 所示。

表 5.6 CRC 卡

类	
职责	协作

创建 CRC 模型的步骤如下：

01 建立团队，包括客户、设计人员、分析人员和一个引导者。如果没有那么多人，那么团队成员可以是客户和我们自己。

02 找出客户需求中存在的名词和名词词组，把第一次想到的所有概念都写在白板或纸上。不管这些概念看起来是什么，都需要写下来。

03 筛选。首先把对象分为 3 类：核心对象（必须首先实现）、可选的（目前不能确定），以及不需要的对象。然后明确对象分类之间的项目范围。不属于本项目范围的对象可以使用轻量的 adapter 或 proxy 实现。这里可以加入对分析、设计模式的考虑和应用。

04 建卡。取出 CRC 卡，把核心类写在每一张卡上，把可选的类和排除的类分别写在不同的纸上。

05 角色扮演。最好是由一个团队来执行。每个人负责几个类。对每一个 Use Case 中的情景，引导者指定从某一个人的类开始，那人看一看自己是否能够独立完成，如果不能完成，大家看一看手中的类，谁能完成，谁就站起来宣布自己能够完成，以便继续这个过程，每个人完成自己的职责后就坐下。在这一过程中不断修改类的责任，并写下协作者的名字。

4. 领域分析法

建立类图的过程就是对领域及其解决方案的分析和设计的过程。获取类也要依赖于每个人对领域的了解和理解，有时需要和所涉及领域的专家进行合作，对所要研究的领域进行仔细分析，抽象出领域中的概念、定义、含义及其相互的关系，分析出系统类，并用领域中的术语为类命名。因此，领域分析法是通过对某一领域中的已有应用系统、理论、技术、开发历史等的分析和研究，来标识、收集、组织和表示领域模型及软件体系结构的过程，并得到最终的结果。

类图几乎是所有面向对象方法的支柱，类图使用的好坏直接影响到系统结构设计的好坏，因此在使用类图对系统进行建模时需要注意以下几点：

（1）应该从简单概念开始创建类图，比如类的关系等。

（2）在项目的不同开发阶段，使用不同的观点来创建类图。如果处于分析阶段，应该画概念层类图，如果处于软件设计阶段，应该画说明层类图；当针对某个特定的技术实现时，应该画实现层类图。

（3）不要为每个事物都画一个模型，应该把精力放在关键的领域。使用类图的最大危险是过早地着眼于实现的细节，为了避免这个问题，应该将重点放在概念层和说明层。

5.3.3 类图分析实例

下面以学生管理系统为例，从用例图的角度来进行系统类图的建模。通过从用例中识别类，得到的学生成绩管理系统的用例图如图 5.23 所示。

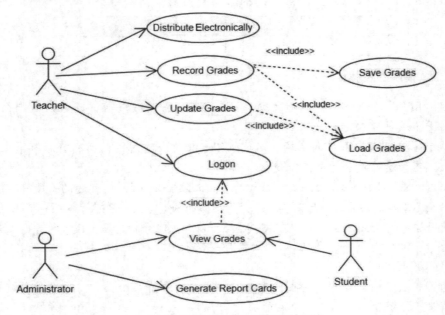

图 5.23　学生成绩管理系统的用例图

根据用例图进行类图的建模主要是确定系统需要的类以及类之间的关联和主要类的属性的描述。

1. 确定类和关系

根据用例图进行类图的建模，首先要做的是通过分析用例图确定类及其关系。找到第一批类，并确定类中的内容。

根据图 5.23 所示的用例图，首先可以确定成绩 Grades 类和记录成绩的 ReportCard 类。其次，通过参与者名称来确定附加的类。在学生成绩管理系统中和成绩记录相关联的参与者有教师、学生和系统管理员，因此可以确定 Teacher 类、Student 类和 Administrator 类。

确定了系统中的主要类后，下面通过用例图来确定各个功能应该所属的类：

在图 5.23 中共有 8 个用例，分别是发布成绩（Distribute Electronically）、记录分数（Record Grades）、更新分数（Update Grades）、保存分数（Save Grades）、上传分数（Load grades）、登录（Logon）、查看分数（View Grades）和生成成绩单（Generate Report Cards）。

- 发布成绩：将学生成绩以报表的方式发布给学生，属于 ReportCard 类。

- 记录分数：记录学生的成绩，属于 Grades 类。
- 更新分数：修改学生的成绩，属于 Grades 类。
- 保存分数：将学生的成绩保存，属于 Grades 类。
- 上传分数：上传学生的成绩，属于 Grades 类。
- 登录：登录到系统。
- 查看分数：记录学生的成绩，属于 Grades 类。
- 生成成绩单：将学生的成绩生成报表，属于 ReportCard 类。

通过上述的分析，目前在学生管理系统中有 Grades 类、ReportCard 类、Teacher 类、Student 类和 Administrator 类，这 5 个类之间的关系如下：

- Administrator 类需要查看 Grades 类，生成 ReportCards 类。
- Student 类查看 Grades 类。
- ReportCards 类包含 Grades 类。

通过上述关系的分析，可以初步确定类之间的关系如图 5.24 所示。

图 5.24　类之间的初步关系

如果想要进行录入成绩、修改成绩、上传成绩和浏览成绩等操作，那么学生成绩管理系统的用户需要登录到相应的系统中才能执行相应的操作。因此，需要进一步细化系统的类及类之间的关系。增加了 WebSite 类和 Logon 类，其中 WebSite 类主要用于对系统的网址信息进行记载，Logon 类主要用于登录系统。系统中的用户登录到系统才能浏览成绩，在登录系统的时候要进行身份验证，即需要授权访问。对学生管理系统中的类之间的关系进一步细化后的关系如图 5.25 所示。

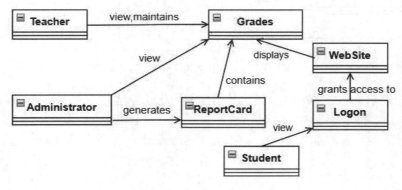

图 5.25　类之间关系的细化

下面通过添加类之间的多重性让类图的信息更加详细，并且对类图进行调整，以保证没有冗余的类和关系。增加多重性后的类图如图 5.26 所示。

图 5.26　增加多重性

2. 确定属性和操作

根据以上分析确定了学生成绩管理系统中的类以及类之间的关系，下面根据已经建好的类和关系为系统中的类添加属性和操作，以便提供数据存储和其他需要的功能来完成系统功能。结果如图 5.27 所示。

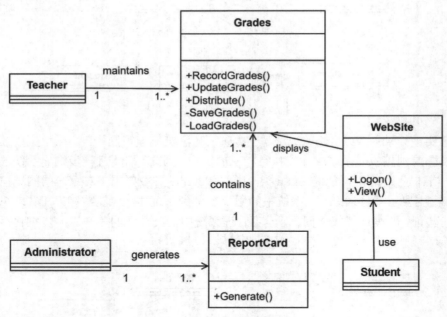

图 5.27　细化属性和方法

图 5.27 中表示参与者的类没有描述其属性和操作，但这并不表示该类没有属性和操作，而是在表示类图时不需要将它细化。

最后，为属性和操作提供参数、数据类型和初始值，最终的学生成绩管理系统类图如图 5.28 所示。

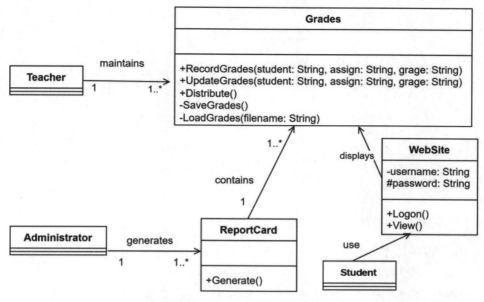

图 5.28 学生成绩管理系统类图

根据第 4 章中对图书管理系统的需求分析以及用例图的描述，下面从类图的角度来分析图书管理系统中的类，以及类之间的关系和类图的实现。

图书管理系统中涉及的主要类以及类的作用如表 5.7 所示。

表 5.7 图书管理系统中的类说明

编　号	类 名 称	类 说 明
1	Admin	对图书管理系统进行系统管理以及借书和还书处理的管理员
2	Administrator	对图书管理系统进行系统管理的管理员
3	Librarian	对图书管理系统进行借书和还书管理的管理员
4	Book	图书基本信息
5	BookType	图书类别信息
6	Borrow	记录图书借阅者借书和还书信息
7	Reader	借阅者基本信息
8	ReaderType	借阅者类别信息
9	Store	图书在图书馆中的存放位置信息
10	Reserve	借阅者预订图书信息

在表 5.7 中共有 10 个类，下面将对主要的 Reader、Borrow、Book、ReaderType、Store 和 BookType 类进行详细介绍。

1）Reader 类

Reader 类主要用于描述借阅者基本信息，其中主要包含 6 个属性和 4 个操作，如图 5.29 所示。

图 5.29　Reader 类

Reader 类的属性主要有：

● r_id: 借阅证号，类型为字符串，私有属性。

● r_name: 借阅者姓名，类型为字符串，私有属性。

● r_date: 录入日期，类型为日期，私有属性，默认值是系统的当前日期。

● rt_id: 借阅者类型 ID，类型为字符串，私有属性。

● r_status: 状态，类型为字符串，私有属性，默认值是"可用"。

● r_quantity: 借阅的数量，类型为整型，私有属性，默认值是 0。

Reader 类的方法主要有：

● add(): 增加借阅者信息。

● update(): 修改借阅者信息。

● delete(): 删除某个借阅者信息。

● lock(): 锁定借阅者。

2）Borrow 类

Borrow 类主要用于描述图书借阅者的借书和还书信息记录，其中主要包含 5 个属性，如图 5.30 所示。

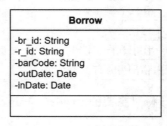

图 5.30　Borrow 类

Borrow 类的属性主要有：

● br_id: 借阅信息的 ID 号，类型为字符串，私有属性。

● r_id: 借阅证号，类型为字符串，私有属性。

- barCode: 图书在图书馆中的存放位置信息的 ID，类型为字符串，私有属性。
- outDate: 图书借出日期，类型为日期，私有属性。
- inDate: 还书日期，类型为日期，私有属性。

3）Book 类

Book 类主要用于描述图书基本信息，其中主要包含 9 个属性和 7 个方法，如图 5.31 所示。

```
                    Book

- b_id: String
- b_name: String
- t_id: String
- p_id: String = "清华大学出版社"
- author: String
- isbn: String
- r_date: Date = 今天日期
- price: Double = 0
- quantity: int = 1

+ add()
+ update()
+ delete()
+ querybyname()
+ querybypid()
+ querybyautor()
+ queryall()
```

图 5.31　Book 类

Book 类的属性主要有：

- b_id: 图书编号，类型为字符串，私有属性。
- b_name: 图书名称，类型为字符串，私有属性。
- t_id: 图书类别编号，类型为字符串，私有属性。
- p_id: 图书出版社，类型为字符串，私有属性，默认值是"清华大学出版社"。
- author: 图书作者，类型为字符串，私有属性。
- isbn: 图书的 ISBN 编号，类型为字符串，私有属性。
- r_date: 录入日期，类型为日期，私有属性，默认值是系统的当前日期。
- price: 图书的价格，类型为浮点型，私有属性，默认值是 0。
- quantity: 图书的数量，类型为整型，私有属性，默认值是 1。

Book 类的方法主要有：

- add(): 增加图书的基本信息。
- update(): 修改图书的基本信息。
- delete(): 删除某个图书的基本信息。
- querybyname(): 根据图书的名称查询图书的基本信息。
- querybypid(): 根据图书的出版社查询图书的基本信息。
- querybyauthor(): 根据图书的作者查询图书的基本信息。
- queryall(): 查询所有的图书信息。

4）ReaderType 类

ReaderType 类主要用于描述借阅者类别信息，其中主要包含 5 个属性和 3 个方法，如图 5.32 所示。

图 5.32　ReaderType 类

ReaderType 类的属性主要有：

● rt_id：借阅者类别 ID，类型为字符串，私有属性。
● rt_name：借阅者类别名，类型为字符串，私有属性。
● maxQuantity：该类别的借阅者允许借阅图书的最大数量，类型为整型，私有属性，默认值是 50。
● maxDays：该类别的借阅者允许借阅图书的最多天数，类型为整型，私有属性，默认值是 60。
● finePerDay：该类别的借阅者借阅图书超期罚款的每天应缴金额，类型为浮点型，私有属性。

ReaderType 类的方法主要有：

● add()：增加借阅者类别信息。
● update()：修改借阅者类别信息。
● delete()：删除某个借阅者类别信息。

5）Store 类

Store 类主要用于描述图书在图书馆中的存放位置信息，其中主要包含 4 个属性和 2 个方法，如图 5.33 所示。

Store

-barCode: String
-b_id: String
-position: String
-b_status: String = "在库"

+add()
+query()

图 5.33　Store 类

Store 类的属性主要有:

- barCode: 图书位置信息 ID, 类型为字符串, 私有属性。
- b_id: 图书编号, 类型为字符串, 私有属性。
- position: 图书位置信息的描述, 类型为字符串, 私有属性。
- b_status: 图书在图书馆中的状态, 类型为字符串, 私有属性, 默认值是"在库"。

Store 类的方法主要有:

- add(): 将图书入库。
- query(): 查询图书在库存中的状态。

6) BookType 类

BookType 类主要用于描述图书类别信息, 其中主要包含 2 个属性和 2 个方法, 如图 5.34 所示。

```
           BookType
─────────────────────────
-t_id: String
-t_name: String

─────────────────────────
+add()
+delete()
```

图 5.34 BookType 类

BookType 类的属性主要有:

- t_id: 图书类别编号, 类型为字符串, 私有属性。
- t_name: 图书类别名称的描述, 类型为字符串, 私有属性。

BookType 类的方法主要有:

- add(): 增加图书类别的信息。
- delete(): 删除图书类别的信息。

上面介绍了图书管理系统中的主要类及其属性和方法,根据前面介绍的类之间关系的描述,结合图书管理系统的主要类,确定各主要类之间的关系如表 5.8 所示。

表 5.8 图书管理系统中类之间的关系

编　　号	类 A	类 B	关　　系
1	Admin	Administator	泛化
2	Admin	Librarian	泛化
3	Reader	ReaderType	组合
4	Reader	Book	普通关联
5	Reader	Borrow	普通关联

（续表）

编　号	类A	类B	关　系
6	Reader	Reserve	普通关联
7	Borrow	Book	普通关联
8	Book	BookType	组合
9	Book	Store	普通关联
10	Reserve	Book	普通关联

最后，整个图书管理系统的类图描述如图 5.35 所示。

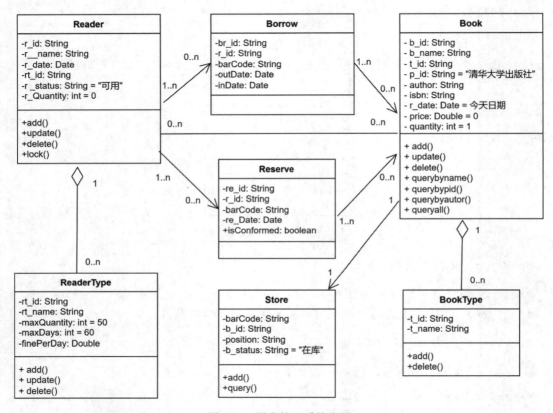

图 5.35　图书管理系统类图

5.4　小　　结

在 UML 中，类图由一个矩形表示。类名字、属性、操作和职责都在区域中有各自的方框。我们可以使用构造型来组织属性和操作名列表，也可以使用类的省略表示法，只表示出类的一部分属性和操作，这样可以让类图更加清晰。

在类图的矩形框中不仅可以指定属性的类型和初始值，还可以指明操作执行时所需要的参数和类型。为了减少描述类时的二义性，可以对类施加约束。UML 还允许对模型元素附加注释来说明有关模型元素更多的附加信息。

　　类表达的是领域知识中的词汇。与客户或者领域中的专家交谈可以发现一些类模型中的名词和可能成为操作的动词。我们可以用类图来促进和客户的进一步交流，以揭示出更多的领域知识。

　　在软件开发不同阶段，使用具有不同抽象层次的类图，即概念层类图、说明层类图和实现层类图。在 UML 中，从开始的需求分析到最终的类设计，类图也是围绕这三个层次的观点来进行建模的。类图建模是先建立概念层，再建立说明层，最后到实现层。本章从用例图的角度对系统进行类图的建模，并以学生成绩管理系统和图书管理系统为例进行了类图建模的描述。

5.5　习　　题

1．试论述类与用例的区别。
2．类主要由哪几部分组成？
3．试运用本节所学的静态建模技术找出用户管理模块中的所有的类。
4．请说一说类、抽象类和接口的区别。
5．什么是依赖？它与关联有什么区别？
6．什么是泛化？泛化是否就是类的继承，如果不是，请说明理由。
7．试论述聚合和组合的异同。

第 **6** 章

顺序图和通信图

在标识出系统的类图之后，仅给出了实现用例的组成结构，还需要描述这些类的对象是如何交互来实现用例功能的，即不仅需要把用例图模型转换为类图模型，还要将它转换为交互图模型。交互图表示类（对象）如何交互来实现系统行为。交互图是顺序图、通信图、交互概览图和定时图的总称，其中顺序图和通信图是最主要的组成，本章主要介绍这两种图。

本章要点

- 理解顺序图和通信图的定义。
- 掌握顺序图和通信图的基本内容。
- 掌握顺序图和通信图的建模过程。

定义了一个工程的用例，就可以用它们来指导系统的进一步开发。用例的实现描述了相互影响的对象的集合，这些对象将支持用例的所有功能。在 UML 中，用例的实现用交互图来指定和说明。交互图通过显示对象之间的关系和对象之间处理的消息来实现系统的动态建模。

6.1 顺 序 图

6.1.1 顺序图概述

顺序图是强调消息时间顺序的交互图，它描述了对象之间传送消息的时间顺序，用于表示用例中的行为顺序。顺序图将交互关系表示为一个二维图，横轴代表在协作中各独立对象的类元角色；纵轴是时间轴，时间沿竖线向下延伸。

　　顺序图主要用于展示对象间交互发生的顺序，通过这些交互来显示对象之间的动态关系。虽然开发者通常认为顺序图主要对他们有用，类似于类图的功能，但实际上，组织中的业务人员也会发现顺序图很有价值。顺序图能展示不同业务对象之间是如何相互作用的，这对于理解和交流当前的业务流程非常有帮助。除了记录组织当前的活动之外，业务级别的顺序图还可以作为需求文档使用，传达实现未来系统所需的需求。在项目的需求分析阶段，分析师可以利用顺序图提供更正式和详细的表达，将用例推进到更深一层的详细设计阶段。在这种情况下，用例往往会被细化成一个或多个顺序图。

　　顺序图的一个主要作用是将用例中表达的需求转换成更进一步、更正式和更细致的表述。用例通常会被拓展成一个或多个顺序图，这有助于更清楚地说明系统的行为和对象之间的交互。除了在设计新系统时的应用，顺序图也可以用于记录现有系统（常被称为"遗留系统"）中对象的交互方式。当这个系统需要被移交给另一个人或组织时，这种文档化的交互过程显得尤为有用。

　　Java 应用程序由许多类构成，这些类是 Java 实现面向对象应用程序的核心。类图主要描述 Java 应用程序中各种类之间的静态关系，如类的继承、抽象、接口以及各种关联。然而，仅仅使用类图来描述这些静态关系，并利用可视化工具实现自动生成 Java 应用程序的代码，是远远不够的。我们还必须描述各种类之间的协作关系、动态关系，如时间序列上的交互行为。UML 顺序图正是用来填补这一空缺的工具之一，它专门用来描述类与类之间的方法调用过程（或消息发送）是如何实现的。

　　在 UML 中，顺序图与用例图和类图之间的关系如图 6.1 所示。

图 6.1　顺序图与用例图和类图之间的关系

6.1.2　顺序图的基本内容

　　顺序图中包括的建模元素主要有：角色、对象、生命线、激活期、消息等。

1. 角色

系统角色可以是人、其他的系统或者其子系统。

2. 对象

顺序图中的对象在概念上和类图中的定义是一致的，它们之间可以按时间顺序进行交互。在顺序图中，对象用矩形框表示，对象名带有下画线。

对象包括 3 种命名方式，如图 6.2 所示。

图 6.2　顺序图中对象命名框架

其中：

- 第一种方式包括对象名和它所属的类名，中间用冒号隔开。
- 第二种方式只显示对象名，不显示类名。
- 第三种方式只显示类名，不显示对象名，表示它是一个匿名对象，这样参与交互的就不限于特定的对象，而是适应于该类的任何对象。

图 6.2 中最外层是框架元素，对于顺序图，图的标签由文字"sd"开始。当使用一个框架元件封闭一个图时，图的标签就需要采用"图类型　图名称"的格式。

若对象置于顺序图的顶部，则表示该对象在交互初期就已经存在,若对象的位置不在顶端，则表示该对象是在交互的过程中被创建的。例如，图 6.3 所示的对象 Object1 和 Object2 就处于不同位置。

图 6.3　对象的位置

对象的左右顺序并不重要，但是为了图的清晰整洁，通常应遵循以下原则：

- 把交互频繁的对象尽可能地靠拢。
- 把初始化整个交互活动的对象（有时是一个参与者）放置在最左边。

3. 生命线

生命线代表顺序图中的对象在一段时间内的存在。生命线在顺序图中表示为从对象图标底部中心位置向下延伸的一条虚线（但事实上 UML 2 中定义的生命线可以用实线来表示），具体可参看图 6.3。

生命线是一个时间线，其所用的时间取决于交互持续的时间。每个对象的底部都带有生命线，对象与生命线结合在一起称为对象的生命线。

对象在生命线上有两种状态：休眠状态和激活状态。

4. 激活期

激活期也被称为控制焦点，代表顺序图中的对象执行一项操作的时期，是顺序图中表示时间段的符号，在这个时间段内对象将执行相应的操作。在 UML 中，用小矩形表示激活条或控制期，对象就是在激活条的顶部被激活的，在完成自己的工作后被去激活，如图 6.4 所示。

图 6.4　激活期

激活矩形的长度表示激活的持续时间。矩形长度只是激活期长短的一个粗略表示，而没有精确的要求，基本是从发出一条消息开始，到接收到最后一条消息结束。持续时间通常以一种大概的、普通的方式来表示，这意味着生命线中的每一段虚线通常不会代表具体的时间单元，而是试图表示一般意义上的持续时间。

5. 消息

消息是对象之间某种形式的通信，在垂直生命线之间，用带有箭头的线并附以消息表达式的方式表示。它可以激发某个操作、唤起信号或者导致目标对象的创建或撤销。一个对象到另一个对象的消息用跨越对象生命线的消息线表示。对象还可以发送消息给它自己，即消息线从自己的生命线出发又回到自己的生命线。

UML 用从一条生命线开始到另一条生命线结束的箭头来表示一个消息。消息在图中生命线的上下位置决定了它的传递时间。消息可以用消息名及参数来标识，也可带有顺序号。

消息的一般表示方法如图 6.5 所示。

图 6.5　消息的一般表示方法

图 6.5 中消息的阅读顺序是严格地自上而下的。对象之间的交互是通过互发消息来实现的，一个对象可以请求或要求另一个对象做某件事。消息从源对象指向目标对象，消息一旦发送便将控制从源对象转移到目标对象。

在 UML 中，消息的箭头形状代表了消息的类型。消息的类型分为同步消息（Synchronous Message）、异步消息（Asynchronous Message）和同步且立即返回消息（Return Message）3 种。

1）同步消息

仅当发送者要发送一个消息而且接收者已经做好接收这个消息的准备时才能传送的消息称为同步消息，即发送者和接收者同步。

UML 用一带有实心箭头的实线来表示这种类型的消息，如图 6.6 所示。通常，这种情况包含了来自接收者的一个返回消息。

同步消息最常见的情况是调用，即消息发送者对象在执行它的一个操作时调用接收者对象的一个操作，此时消息名称就是被调用的操作名称。

假定有如下一个顺序图，如图 6.7 所示，则可能的情形为类 ClassA 具有类型为 ClassB 的属性，类 ClassB 具有 action1 的方法及类型为 ClassC 的属性；类 ClassC 具有 action2 和 action3 的方法。

图 6.6　同步消息符号　　　　　图 6.7　顺序图实例

类 ClassC 和 ClassB 的定义片段如下：

```
class ClassC
{
    public void action2()
    {
    }
    public void action3()
    {
    }
}
public class ClassB
{
    private ClassC C=new ClassC();
    public void action1()
    {
    C.action2();
    C.action3();
    }
}
```

注意：顺序图中显示的消息可以带有参数，但本部分使用的是 StarUML 开发工具，其参数不显示出来，而是放在属性窗口的 Arguments 中。同样地，消息也可以有返回值，它放在 Return 属性中。

2）异步消息

发送者不管接收者是否做好了接收准备都可以发送的消息称为异步消息。消息发送者通过消息把信号传递给消息的接收者，然后继续自己的活动，不等待接受者返回消息或者控制。异步消息的接收者和发送者是并发工作的。

UML 用带有开放箭头的实线来表示这种类型的消息，如图 6.8 所示。

图 6.8　异步消息符号

3）同步且立即返回消息

同步且立即返回消息表示从过程调用返回。

UML 用带开放箭头的虚线来表示这种消息，如图 6.9 所示。返回消息是可选择的，它依赖建模的具体/抽象程度，一般为了顺序图阅读方便，每个消息都有返回消息。箭头指向来源的生命线，在这条虚线上面，可以放置操作的返回值。

图 6.9　同步且立即返回消息图标

另外，在消息的创建过程中还存在一些其他的内容，比如创建对象、撤销对象、自关联消息等。

（1）创建对象：一个对象可以通过发送消息来创建另一个对象，如图 6.10 所示。对象在创建消息发生后才能存在，对象的生命线也是在创建消息后才存在的。

图 6.10　创建对象

（2）撤销对象：当一个对象被删除或自我删除时，该对象用"×"标记，即撤销对象，如图 6.11 所示。

图 6.11　撤销对象

（3）自关联消息（Self-Message）：表示方法的自身调用，以及一个对象内的一个方法调用另外一个方法，如图 6.12 所示。

图 6.12　自关联消息

6.1.3 约束

当为对象的交互建模时，有时需要在某种条件被满足时才会传递消息给对象，这种情况即为约束。约束在 UML 图中用作控制流。一个约束只能被分配到一个单一消息中。UML1.x 中，为了实现约束条件，需要在消息名前加入约束条件，并放于"[]"中。约束条件用于描述代码中的 if 语句结构。

例如，若 b=1，则调用类 Object2 的 message1 方法；若 b=2，则调用类 Object3 的 message2 方法，此时的顺序图如图 6.13 所示。

图 6.13　条件约束

另外，通过这种方式还可以实现循环。循环约束是描述代码中的 for、while 之类的语句块。循环约束需要在方法名前加"*[]"，其中"*"代表循环，"[]"代表循环条件。

例如，i 从 0 到 n 循环执行类 Object2 的 message3 方法，顺序图如图 6.14 所示。

图 6.14　循环约束

在 UML 2.5 中，这种约束被称为组合片段（Combined Fragment），这种片段有 12 种类型，具体描述如表 6.1 所示。使用组合片段机制可以为顺序图增加一定程度的处理逻辑。一个组合片段是一个或者多个封装在一个框架中并且在一定的命名环境中执行的顺序。

表 6.1　组合片段

片段类型	片段描述
seq	强迫交互按照特定的顺序执行
alt	在一组行为中根据特定的条件选择某个交互，模型为 if…else
opt	表示可选，模型为 switch
break	提供了和编程语言中的 break 类似的机制

（续表）

片段类型	片段描述
par	支持交互片段的并发执行
strict	明确定义了一组交互片段的执行顺序
loop	说明交互片段会被重复执行
region	在组合片段中优先于其他交互片段发生的交互
neg	封装了一系列无效的消息，即不应该的交互
assert	标志着在交互片段中作为事件唯一的合法继承者的操作数
ignore	明确定义了交互片段不应该响应的消息
consider	明确标识了应该被处理的消息

在实际创建中，需要将组件放在顺序图中，然后在其 InteractionOperator 属性中选择对应的符号。例如图 6.15 所示为一个循环片段的实例。

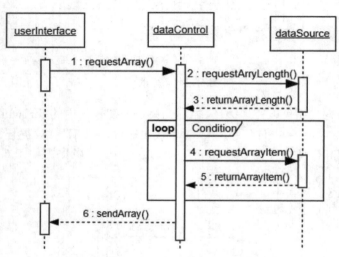

图 6.15　循环片段

当然，这些类型片段可以复合在一起，如图 6.16 所示。

图 6.16　多种组合片段

6.1.4 顺序图的建模技术及应用

使用顺序图对系统建模时，可以遵循如下策略：

（1）设置交互语境，这些语境可以是系统、子系统、操作、类、用例和协作的一个脚本。

（2）通过识别对象在交互中扮演的角色，根据对象的重要性，将其按从左到右的顺序放置在顺序图中。

（3）设置每个对象的生命线。一般情况下，对象存在于交互的整个过程，但它可以在交互过程中创建和撤销。

（4）从引发某个交互的信息开始，在生命线之间按从上往下的顺序画出随后的信息。

（5）设置对象的激活期，这可以可视化实际计算发生时的时间点、可视化消息嵌套等。

（6）如果需要设置时间或空间约束，可以为每个消息附上合适的约束。

（7）给控制流的每个消息附上前置或后置条件，这可以更详细地说明这个控制流。

根据以上策略，画顺序图的一般步骤是：

（1）确定交互的范围。

（2）确定参与交互过程的活动者与对象。

（3）确定活动者、对象的生命周期。

（4）确定交互中产生的消息。

（5）细化消息的内容。

【例 6.1】家用汽车都会配备那种能够遥控锁车、开锁、打开后备箱的钥匙。当按下"锁车"按钮时，汽车会闪动一下车灯并发出一声蜂鸣，说明车门上锁了。这里涉及 3 个类：CarOwner（车主）、CarKey（车钥匙）和 Car（车）。现在我们就用这样一个实例介绍顺序图的设计。

1）应用场景

该建模场景的描述如下：

（1）从 CarOwner 到 CarKey 的请求，要求 CarKey 实现 getButtonPress(b)操作，登记 CarOwner按下的按钮（通常用 b 引用）。

（2）CarKey 发送消息给 Car，通知 Car 实现其 pressKeyMessage(b)操作，如果按下的按钮b 是"lock"，Car 就会向它自己发送执行 lock()操作的请求。然后，Car 发送两个信号 BlinkLights和 Beep 给 CarOwner。

2）实现

首先，绘出 3 个匿名对象，它们分别是 CarOwner、CarKey 和 Car 的实例。然后，把它们放在顺序图的最顶层，再为每个对象绘制一条生命线，如图 6.17 所示。

图 6.17　顺序图的初始

根据场景描述，绘制的顺序图如图 6.18 所示。

图 6.18　汽车和车钥匙顺序图

【例 6.2】ATM 取款看起来是件很简单的事情，首先插入银行卡，然后按照提示输入密码，再选择"取款"，接着输入数额，最后提出现金，但是整个过程中各个对象之间要涉及很多的消息。

1）应用场景

ATM 取款应用场景描述如下：

（1）银行储户将银行卡插入读卡机 insertCard()。
（2）读卡机将信息传给客户管理 acceptCard()。
（3）客户管理提出查询密码 checkPass()。
（4）显示屏要求银行储户输入密码 inputPassRequest()。
（5）储户在输入设备输入密码 inputPass()。
（6）输入设备将输入的密码传递给客户管理 transPass()。
（7）客户管理请求事务管理确认密码的合法性 requestPassLegal()。
（8）事务管理确认密码的合法性并返给客户管理 passLegal()。
（9）客户管理通过显示屏询问服务类别 queryKind()。
（10）显示屏要求储户输入服务类别请求 showServiceRequest()。
（11）储户输入取款请求 inputTakeRequest()。
（12）输入设备向客户管理发出取款请求 takeRequest()。
（13）客户管理提出取款金额 qureyMoney()。
（14）显示屏向银行储户发出取款数额请求 showMoneyRequest()。
（15）储户输入取款数额 inputMoney()。
（16）输入设备将储户输入的数额传递给客户管理 transMoney()。
（17）客户管理确认取款额数并返给显示屏 queryMoney()。
（18）显示屏呈现给储户确认信息 showOKRequest()。
（19）储户输入确认信息 inputOK()给输入设备。
（20）输入设备将确认信息传递给客户管理 OKInformation()。

（21）客户管理请求事务管理确认数额的合法性 requestMoneyLegal()。

（22）事务管理确认数额的合法性并返给客户管理 moneyLegal()。

（23）事务管理向点钞机发出出钞请求 requestTake()。

（24）点钞机出钞票 outMoney()。

（25）储户取出钞票 takeMoney。

（26）取卡 outCard()。

2）实现

在整个场景中，用到 7 个对象，分别是"银行储户""读卡机""显示屏""输入设备""客户管理""点钞机"和"事务管理"。它们之间通过消息传递保障其功能正常运行。对应的顺序图如图 6.19 所示。

图 6.19　ATM 取款顺序图

【例 6.3】在前面几章我们以图书管理系统为例进行了分析，并且已经对其静态图进行了建模。由于图书管理员、系统管理员以及借阅者这 3 个参与者的参与，以及对图书的操作内容较多，因此图书管理系统中的顺序图相对较多，比如有图书管理员处理借书顺序图、图书管理员处理还书顺序图、借阅者查询书目顺序图、系统管理员添加图书顺序图、系统管理员删除书目顺序图、系统管理员添加借阅者账户顺序图等。下面分别介绍这几种顺序图的创建。

1）图书管理员处理借书顺序图

图书管理员收到借阅者的借书申请时，首先验明借阅者的身份，如果没有问题，则查找借阅书目，如果借阅者没有超出最大借阅数量，则开始借阅并更新图书列表信息，借阅成功。图书管理员处理借书的顺序图如图 6.20 所示。

图 6.20　图书管理员处理借书顺序图

2）图书管理员处理还书顺序图

在图书管理系统中，图书管理员处理还书时，首先是借阅者向图书管理员发出还书请求，图书管理员将读者的信息和所要归还的图书信息发送到数据库，由系统检查用户的合法性，当借阅者的信息和图书的信息都得到确认后，图书管理员修改图书信息和借阅者信息，将结果显示处理，完成还书操作。图书管理员处理还书的顺序图如图 6.21 所示。

图 6.21　图书管理员处理还书顺序图

3）借阅者查询图书顺序图

在图书管理系统中，借阅者可以登录页面，查询图书。借阅者查询图书的顺序图如图 6.22 所示。

图 6.22　借阅者查询图书顺序图

4）系统管理员添加图书顺序图

在图书管理系统中，要添加一本新的图书时，系统管理员需要在页面上进行添加操作，页面会将管理员的请求发送到书目中进行搜索，确认该书是否为新书，如果为新书，则将其加入图书列表中。系统管理员添加图书的顺序图如图 6.23 所示。

图 6.23　系统管理员添加图书顺序图

5）系统管理员删除书目顺序图

当图书需要报废处理时，系统管理员可以登录到后台，查找对应的书目，在图书列表中进行删除操作，该书目对象将被彻底销毁。系统管理员删除书目的顺序图如图 6.24 所示。

图 6.24　系统管理员删除书目顺序图

6）系统管理员添加借阅者账户顺序图

在图书管理系统中，如果有新的借阅者，则由系统管理员登录后台页面，添加借阅者信息。系统管理员添加借阅者账户的顺序图如图 6.25 所示。

图 6.25　系统管理员添加借阅者账户顺序图

6.2　通　信　图

顺序图按照时间顺序描述了对象间的交互，但是它过于强调交互的时间，从而削弱了对象之间的静态连接关系。通信图则强调了参与交互作用的对象的组织。

6.2.1　通信图概述

通信图是一种交互图，强调的是发送消息和接收消息的对象之间的组织结构。一个通信图显示了一系列的对象和在这些对象之间的联系，以及对象间发送和接收的消息。在通信图中，对象通常是命名或匿名的类的实例，但也可以代表其他事物的实例，例如协作、组件和节点。通过使用通信图，可以方便地说明系统的动态情况，使得描述复杂的程序逻辑或多个平行事务变得更加直观和简单。

注意，在 UML 2.0 及以后的版本中，原先称为协作图（Collaboration Diagram）的概念被明确重新定义为通信图（Communication Diagram）。而"协作"这一术语则更多地被用于描述在静态结构和动态行为之间的概念组合，指不同的元素如何相互协作以完成复杂的功能。因此，在 UML 2.0 之后，不再使用"协作图"这一称呼，只有"协作"。

通信图显示某组对象如何为了由一个用例描述的一个系统事件而与另一组对象进行协作的交互过程。使用通信图可以显示对象角色之间的关系，如为实现某个操作或达到某种结果而在对象间交换的一组消息。如果需要强调时间和序列，最好选择顺序图；如果需要强调上下文相关，最好选择通信图。

通信图用于显示对象之间如何进行交互以执行特定用例或用例中特定部分的行为。设计人员使用通信图和顺序图来识别并阐明那些执行用例的特定事件流的对象的角色。它们是主要的信息来源，用于确定类的职责和接口。

顺序图和通信图表述的是相似的信息，但表述的方式却不同。通信图显示对象之间的关系，它更有利于理解对给定对象的所有影响，也更适合过程设计。

通信图的格式决定了它们更适合在分析活动中使用。它们特别适合用来描述少量对象之间的简单交互。随着对象和消息数量的增多，理解通信图将越来越困难。此外，通信图很难显示补充的说明性信息，例如时间、判定点或其他非结构化的信息。而在顺序图中，这些信息可以很方便地添加到注释中。

通信图是描述系统的行为如何由系统成分协作实现的图。所谓协作，是指在一定的语境中一组对象以及用以实现某些行为的这些对象间的相互作用。通信图描述了这样一组对象为实现某种目的而组成相互合作的"对象社会"。通信图可以表示类操作的实现。

通信图作为一种在给定语境中描述协作中各个对象之间的组织交互关系的空间组织结构的图形化方式，在用它进行建模时，可以将其作用分为以下 3 个方面：

- 通过描绘对象之间消息的传递情况来反映具体的使用语境的逻辑表达。一个使用情境的逻辑可能是一个用例的一部分，也可能是一条控制流。这和顺序图的作用类似。
- 显示对象及其交互关系的空间组织结构。通信图显示了在交互过程中各个对象之间的组织交互关系以及对象彼此之间的链接。与顺序图不同，通信图显示的是对象间的关系，并不侧重交互的顺序，它没有将时间作为一个单独的维度，而是使用序列号来确定消息及并发线程的顺序。
- 表现一个类操作的实现。通信图可以说明类操作中使用的参数、局部变量以及返回值等。当使用通信图表现一个系统行为时，消息编号对应了程序中的嵌套调用结构和信号传递过程。

6.2.2 通信图的基本内容

通信图由以下基本元素组成：活动者、对象、链接和消息。

1. 活动者

活动者是发出主动操作的对象，负责发送初始消息，启动一个操作。

2. 对象

对象是类的实例，负责发送和接收消息。一个协作代表了为了完成某个目标而共同工作的一组对象。对象的角色表示一个或一组对象在完成目标的过程中所应该起的作用。通信图中的对象与顺序图中的对象的概念基本相同，表示方式也相同，只不过没有生命线，而且在通信图中，无法表示对象的创建和撤销，所以对象在通信图中的位置没有限制。

在通信图中，可以按照以下方式使用对象：

- 可以不指定对象的类，通常先制作只带有对象的通信图，而后指定它们的类。
- 可以不给对象命名，但如果要区分同一个类的不同对象，则应该给对象命名。
- 如果对象的类主动参与了协作，则可以将类本身在通信图中表现出来。

3. 链接

链接用线条来表示，也称为链，链接表示两个对象共享一个消息，位于对象之间或参与者与对象之间。

在通信图中，关联角色是与具体语境有关的、暂时的类元之间的关系，关联角色的实例也是链。链表示为一个或多个相连的线或弧。

4. 消息

通信图中消息的含义与顺序图中的基本类似。不带有消息的通信图标明了交互作用发生的上下文，而不表示交互。它可以用来表示单一操作的上下文，甚至可以表示一个或一组类中所有操作的上下文。如果关联线上标有消息，图形就可以表示一个交互。

消息用来描述系统动态行为，它是从一个对象向另一个或几个对象发送信息，或由一个对象调用另一个对象的操作。消息由 3 部分组成：发送者，接收者，活动。消息用带标签的箭头表示，它附在链上。链连接了发送者和接收者，箭头所指方向为接收者。每个消息包括一个顺序号以及消息的名称，其中顺序号标识了消息的相关顺序。消息的名称可以是一个方法，包含名字、参数表、返回值。

利用消息可以完成很多任务，例如顺序执行、添加条件限制发送、创建带有消息的对象实例和执行迭代等。

1）序列化

序列化消息只需要在消息前添加序列号即可，这也是最简单的方式，消息会按照要执行的顺序排序，如图 6.26 所示。

图 6.26　序列化

2）控制点条件

控制点条件用来根据消息表达式的计算结果限制消息的发送。控制点包含在消息中，在序列 ID 号和消息文本之间。

例如，如果 ObjectB 计算结果为真，那么 ObjectA 将会把消息 operator1 发送给 ObjectB；

如果 ObjectC 计算结果为真，那么 ObjectA 将会把消息 operator2 发送给 ObjectC；其他条件下不会发送任何消息，如图 6.27 所示。

图 6.27　控制点条件

3）创建实例

就像在顺序图中观察到的那样，通信图也允许通过消息来创建对象实例。为了实现这一点，一个特定的消息会被发送到新创建的对象实例。在这种情况下，对象通常标记为使用了"new"构造类型，而消息则标记为"create"构造类型，如图 6.28 所示。这样做是为了向读者明确表明，该对象是在程序运行期间动态创建的。

图 6.28　创建实例

4）发送给多对象的消息

一个对象可能会同时向同一个类的多个对象发送一个消息。在通信图中，多对象用一叠向后延伸的多个对象图标表示。在多对象前面可以加上用"[]"括起来的条件，并在"[ ]"前面加一个"*"，用来说明消息发送给多个对象，如图 6.29 所示。

图 6.29　多对象

有时，按顺序发送消息是很重要的。例如，银行出纳员（Bank Clerk）要按照顾客排队的次序为排队顾客（Customer）服务，可以用 while 条件表达出消息的顺序（如 line position=l...n)，如图 6.30 所示。

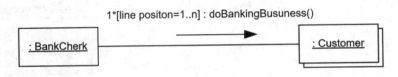

图 6.30　一个对象以指定的次序向多对象发送消息

5）返回结果

消息可能是要求某个对象进行计算并返回结果的值。例如一个顾客对象可能请求一个计算器（calculator）对象计算某项商品的总价，包括该项商品的价格和税款。

UML 提供了返回值的表示法。返回值的名字在最左边，后跟赋值号“: =”，接着是操作名和操作的参数。表达式中赋值号的右边部分被称为消息型构（Message Signature）。对于计算商品价格这个例子，可以表示成“totalPrice : = compute(itemPrice, salesTax）”。图 6.31 说明了通信图中返回值的表示法。

图 6.31　一个包含返回值表示法的通信图

6）构造型

构造型（Stereotype）可以在现有的 UML 元素的基础上创建新的元素。构造型用使用两对尖括号括起来的一个名称来表示，这个括号叫作双尖括号（Guillemets），被括起来的名称叫作关键字（Keyword）。

有时，UML 会创建新的模型，这时 UML 并不会为某事物创建一个全新的符号，而是把一个关键字添加到已有的元素中。这个关键字表明了该元素的用法，与其原来的意图多少有些不同。接口是一个没有属性而只有操作的类，它是使用构造型的一个例子，是可以在整个模型中反复使用的一组行为。无须发明一个新的 UML 元素来表示接口，可以在类图标中类名的上面加一个<<interface>>关键字来表示接口，如图 6.32 所示。

图 6.32　UML 2.0 接口

构造型的概念在使用 UML 建模工具时很有用。建模工具的一个重要特点是具备“字典”的功能，能够跟踪模型中创建的所有的元素，包括类、用例、构件等。字典只对已有的元素和基于这些元素的构造型有效，因此构造型允许创建一些新的东西并把它们存储到字典中。

当使用 UML 的时候（尤其是使用 UML 建模工具的时候），我们会发现 UML 中有很多内建的构造型和预订义的关键字（如<<component>>、<<interface>>等）。

6.2.3　通信图建模技术及应用

在对系统的动态行为进行建模时，通信图常被用于按组织结构对控制流进行建模。与顺序图一样，一个单独的通信图只能显示一个控制流。

使用通信图建模时可以遵循如下策略：

（1）确定交互过程的上下文。

（2）确定参与交互过程的活动者与对象。

（3）如果需要，为每个对象设置初始特性。

（4）确定活动者、对象之间的链接。一般先确定关联的链接，因为这是最主要的，它代表了结构的链接。然后确定其他链接，用合适的路径构造型修饰，这表达了对象间是如何互相联系的。

（5）从引发该交互过程的初始消息开始，将每个消息附到相应的链接上，可以用带小数点的编号来表达嵌套。

（6）细化消息内容。比如需要说明时间或空间的约束，可以用适当的时间或空间约束来修饰每个消息。

【例 6.4】在例 6.1 中有一个汽车与汽车钥匙的例子，本例根据它的场景描述绘制通信图。

首先，确定属于通信图的元素，即对象 CarKey、CarOwner、Car。

其次，建模这些元素之间的关系，着手建模早期阶段的通信图，在类元之间添加链接和关联角色。例如，CarOwner 按下 CarKey 的按钮表示了 CarOwner 的请求；CarKey 发送消息给 Car，通知 Car 实现其 pressKeyMessage(b)操作。

最后建模实例层的通信图，需要把类角色修改为对象实例，并且制定执行用例的消息序列。汽车和车钥匙通信图如图 6.33 所示。

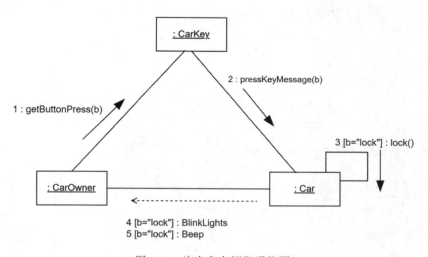

图 6.33　汽车和车钥匙通信图

在开发工具中，顺序图和通信图是可以相互转换的。

【例 6.5】在例 6.2 中有一个 ATM 取款的例子，本例根据它的场景描述绘制通信图，如图 6.34 所示。

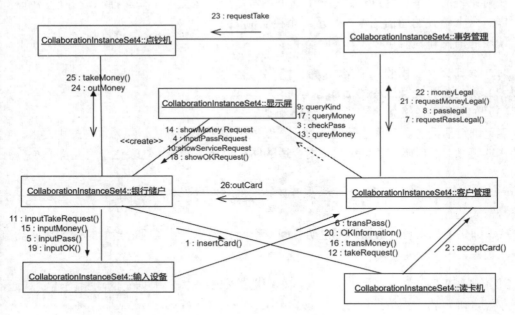

图 6.34　ATM 取款成功通信图

【例 6.6】在例 6.3 中对图书管理系统的顺序图进行了建模，本例将顺序图转换成对应的通信图。

1）图书管理员处理借书通信图

图书管理员处理借书通信图如图 6.35 所示，它与对应的图 6.20 的顺序图表述相似，可以相互转换。

图 6.35　图书管理员处理借书通信图

2）图书管理员处理还书通信图

图书管理员处理还书通信图如图 6.36 所示，它与对应的图 6.21 的顺序图表述相似，可以相互转换。

图 6.36　图书管理员处理还书通信图

3）借阅者查询书目通信图

借阅者查询书目通信图如图 6.37 所示，它与对应的图 6.22 的顺序图表述相似，可以相互转换。

图 6.37　借阅者查询书目通信图

4）系统管理员添加图书通信图

系统管理员添加图书通信图如图 6.38 所示，它与对应的图 6.23 的顺序图表述相似，可以相互转换。

图 6.38　系统管理员添加图书通信图

5）系统管理员删除书目通信图

系统管理员删除书目通信图如图 6.39 所示，它与对应的图 6.24 的顺序图表述相似，可以相互转换。

图 6.39　系统管理员删除书目通信图

6）系统管理员添加借阅者账户通信图

系统管理员添加借阅者账户通信图如图 6.40 所示，它与对应的图 6.25 的顺序图表述相似，可以相互转换。

图 6.40　系统管理员添加借阅者账户通信图

其中，消息编号用来表示一个消息的时间顺序，通过消息的顺序编号可以更清楚地看出各消息之间的时间顺序，以及相互之间的关系。

6.2.4　顺序图与通信图的比较

从面向对象的角度来看，系统的功能是由一组对象通过相互发送消息来完成的，顺序图和通信图就是通过描述这样的对象和消息来描述系统的动态行为的。通信图和顺序图作为交互图都表示出了对象间的交互作用，两者都直观地规定了发送对象和接收对象的责任，并且都支持所有的消息类型，在耦合性上两者都可以作为衡量的工具。两者在语义上是等价的，它们之间可以相互转换。多数的 UML 工具支持顺序图与通信图之间的相互转换，而不丢失任何信息。也就是说，只要设计出其中一种图，就可以转换成另外一种图。

但是，两者在使用及细节上有所区别，综合起来，两者有以下特点：

● 顺序图清楚地表示了交互作用中的时间顺序，但没有明确表示对象间的关系。顺序图可以反映对象的生命周期，但是通信图不能。

● 通信图清楚地表示了对象间的关系，但时间顺序必须从顺序号中获得。

两者的区别如下：

● 侧重点不同。顺序图是强调消息的时间顺序的交互图，图像上是一张表，对象沿 X 轴排列，消息沿 Y 轴按时间顺序排序；通信图是强调发送和接收消息的对象之间的组织结构的交互图，图形上是定点和弧的结合。
● 顺序图可以反映对象的创建、激活、销毁等生命周期，通信图没有。
● 通信图能反映动作路径，消息必须有顺序号，但是顺序图没有。

在实际应用中，如果需要清楚地表示交互作用中的时间顺序，则应该选择顺序图；如果更注重清楚地表示对象间的关系，则应该选择通信图。顺序图常常用于表示方案，而通信图常常用于过程的详细设计。

6.3　小　　结

UML 顺序图将交互关系表示为一个二维图，纵轴是一个时间轴，时间沿竖线向下延伸；横轴代表了协作中各个独立对象的类元角色。类元角色都具有生命线，在对象交互的表示中加入了时间维。在顺序图中，对象位于图的顶部，从上到下表示时间的流逝。每个对象都有一个垂直向下的对象生命线。消息用连接对象生命线之间的带箭头连线表示。

（1）顺序图用来表示用例中的行为顺序，当执行一个用例行为时，顺序图中的每条消息对应了一个类操作或状态机中引起转换的事件。

（2）顺序图展示对象之间的交互，这些交互是在场景或用例的事件流中发生的。

（3）顺序图的重点在消息序列上，也就是说，描述消息是如何在对象间发送和接收的、表示对象之间传送消息的时间顺序。

（4）浏览顺序图的方法是从上到下查看对象间交换的消息。

顺序图可供不同种类的用户使用，用户可以从顺序图中看到业务过程的细节；分析人员可以从顺序图中看到处理流程；开发人员可以看到需要开发的对象和对这些对象的操作；软件测试工程师可以看到过程的细节，并根据这个过程开发测试案例。

通信图是表达顺序图中所有信息的另一种 UML 图。通信图和顺序图是语义等价的，它们在建立系统的模型时都很有用。顺序图按照时间组织，通信图按照对象之间的联系组织。

通信图展示了对象和对象之间的关联，还展示了对象之间的消息传递。链接旁的消息箭头代表一个消息，带有编号的标签显示出消息的内容，消息前的序号代表消息发送的时间顺序。

通信图的条件的表示与顺序图相同——将条件表达式用方括号括起来加在图中。消息之间有从属关系。通信图中的消息序号命名方案与技术文章中的标题和子标题的命名类似，都使用圆点来说明嵌套的层次。

通信图中可以表示出一个对象按照指定的次序（或无次序）向一组对象发送消息，还可以表示拥有消息控制流的主动对象，以及消息之间的同步。

6.4 习　　题

1. 顺序图由角色、对象、生命线、激活期和（　　）组成。

    A. 关系　　　　　　　B. 消息　　　　　　C. 用例　　　　　　　D. 实体

2. 顺序图中消息有几种类型？

3. 必须返回消息吗？

4. 顺序图中的消息顺序号是必需的吗？

5. 在顺序图和通信图中，分别应该如何表示"循环"结构？

6. 通信图由哪些基本元素组成？各有什么含义？

7. 顺序图和通信图有什么关联？

8. 关于通信图的描述，下列哪个不正确？（　　）

    A. 通信图作为一种交互图，强调的是参加交互的对象的组织

    B. 通信图是顺序图的一种特例

    C. 通信图中有消息流的顺序号

    D. 在 StarUML 工具中，通信图可在顺序图的基础上转换生成

9. 一个对象和另一个对象之间通过消息来进行交互，消息交互在面向对象的语言中即为
（　　）。

    A. 方法实现　　　　　B. 方法嵌套　　　　C. 方法调用　　　　　D. 方法定义

10. UML 中，对象行为是通过交互来实现的，是对象间为完成某一目的而进行的一系列消息交换。消息序列可用两种图来表示，分别是（　　）。

    A. 状态机图和顺序图　　　　　　　B. 活动图和通信图

    C. 状态机图和活动图　　　　　　　D. 顺序图和通信图

第 **7** 章

状态机图和活动图

状态机图和活动图用于在 UML 中建立动态模型，主要描述系统随时间变化的行为，这些行为是用从静态视图中抽取的系统的瞬间值的变化来描述的。在对象的生命期建模中，状态机图和活动图都是有用的。一个状态机图显示了一个状态机，展示的是单个对象内从状态到状态的控制流。状态机图通过对类的对象的生命周期建立模型来描述对象随时间变化的动态行为。活动图是一种特殊形式的状态机，用于对计算机流程和工作流程建模。活动图从本质上说是一个流程图，展现跨过不同的对象从活动到活动的控制流。与传统的流程图不同的是，活动图能够展示并发和控制分支。

- 理解状态机图的基本概念。
- 理解状态机图的应用。
- 理解活动图的基本概念。
- 理解活动图的应用。

7.1 状态机图

7.1.1 状态机图概述

状态机图是系统分析的常用工具之一，它通过建立类对象的生命周期模型来描述对象随时间变化的动态行为。

　　所有对象都有状态，状态是对象执行了一系列活动的结果，当某个事件发生后，对象的状态将发生变化。对象从产生到结束，可以处于一系列不同状态。在任一给定的时刻，一个对象总是处于某一特定的状态。例如，一个人的成长过程按年龄划分可以是新生儿、婴儿、儿童、少年、青年、中年和老年人，一个电灯可以处于开或关的状态，一台洗衣机可以处于浸泡、洗涤、漂洗、脱水或者关机等状态。

　　UML 状态机图中的状态是指在对象的生命周期中满足某些条件、执行某些活动或等待某些事件时的一个条件或状况。状态用圆角矩形表示，初始状态（Initial States）用实心圆点表示，终止状态（Final States）用实心圆点外加一个圆圈表示。

　　状态机图由状态、转换、事件、活动和动作 5 部分组成，是展示状态与状态转换的图。通常一个状态机图依附于一个类，并且描述一个类的实例。状态机图包含了一个类的对象在其生命周期期间的所有状态的序列以及对象对接收到的事件所产生的响应。它是状态节点通过转移连接的图，描述了一个特定对象的所有可能状态，以及由于各种事件的发生而引起的状态之间的转移。大多数面向对象技术都使用状态机图来描述一个对象在其生命周期中的行为。例如图 7.1 是图书管理系统中图书对象的状态机图。

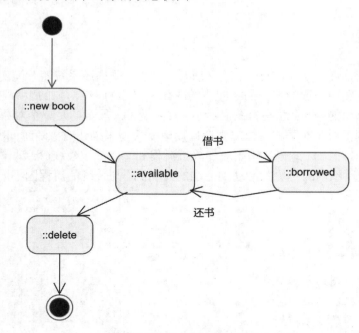

图 7.1　图书管理系统中图书对象的状态机图

　　一个图书对象从它的起始点开始，首先是"新书"（new book）状态，然后是"可以借阅"（available）的状态，如果有读者将书借走，则该书的状态为"已借出"（borrowed）状态，如果图书被归还给图书馆，其状态又变为"可以借阅"状态。图书馆如果放弃该图书对象的收藏，则图书对象处于"删除"（delete）状态，最后到达"终止"状态。

　　状态机图用初始状态表示对象创建时的状态，每一个状态机图只有一个初始状态，但可能有多个终止状态。

【例7.1】培训班状态机图的绘制。

培训班有3种可能的情况，第一种是培训班招生"开始"，有学员"注册"，学期开始后"开始上课"，当课程结束经过"终考"后，培训班结束，进入"终态"；第二种是"注册"的学员都取消了注册，培训班进入结束状态；第三种情况是学员"注册"学期开始后"开始上课"，图的中心有一个判断点，如果有学员退学，则需要判断是否还有学员继续学习，如果还有，则培训班继续，否则只好被迫停止。一个培训班的状态机图如图7.2所示。

图7.2　培训班状态机图

7.1.2　状态机图的基本元素

通常我们创建一个UML状态机图是为了研究类、角色、子系统或组件的复杂行为。状态机图用于显示状态机本身、使对象达到这些状态的事件和条件，以及达到这些状态时所发生的操作，是描述一个实体基于事件反映的动态行为，显示了该实体如何根据当前所处的状态对不同的事件做出响应。状态之间的过渡事件（Event）对应对象的操作。事件有可能在特定的条件下发生，在UML中这样的条件称为警戒条件（Guard Condition）。发生事件时的处理称为动作（Action）。从一个状态到另一个状态之间的连线称为转移（Transitions）。状态机图通常包含如下内容：

（1）状态：状态定义对象在其生命周期中的条件或状况。

（2）转换：对象的状态之间的转移叫转换，它包括事件和动作。

7.1.3　状态

一个对象的状态可能包含子状态或其他一些更加详细的内容，具体由以下5个部分组成：

1. 名称

名称是将一个状态与其他状态区分开来的文本字符串；状态也可能是匿名的，这表示它没有名称。

2. 进入/退出动作（Entry/Exit Action）

进入/退出动作表示进入/退出这个状态所执行的动作。入口动作的语法是"entry/执行的动作"，出口动作的语法是"exit/执行的动作"。每当进入或退出状态时，进入和退出操作将分别允许发出同一操作。这可以通过进入和退出操作来顺利地完成，而不必明确地将操作放在每个输入或输出转移上。动作与一个转移相关联，在较少的时间内完成，其操作具有原子性，也可以是动作序列，通常发生于状态的初始化、进入和退出时。进入和退出操作可能没有实参或警戒条件。位于模型元素的状态机顶层的进入操作可能具有特定的参数，这些参数代表了在创建该模型元素时状态机所接收到的实参。

3. 内部转换（Internal Transition）

内部转换使事件可以在不退出状态的情况下在状态内得到处理，从而避免触发进入或退出操作。定义内部转换的原因是有时候入口/出口动作是多余的。例如，某状态的入口/出口分别是打开/关闭某文件，但如果用户仅仅是想更改该文件的文件名，那么这里所定义的入口/出口动作显得多余，这时就可以使用内部转换而不触发入口/出口动作的执行。内部转换可能会有带参数和警戒条件的事件，它们所代表的基本上是中断处理程序。

4. 子状态（Sub State）

UML 状态机图中嵌套在另外一个状态中的状态被称为子状态，简单状态是没有子结构的状态。具有子状态（嵌套状态）的状态被称为组合状态。子状态可能被嵌套到任意级别。嵌套的状态机最多可能有一个初始状态和一个终止状态。

例如，图书馆信息系统的图书查询的子状态如图 7.3 所示。

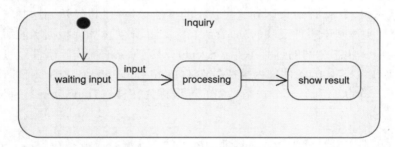

图 7.3　图书馆信息系统的图书查询的子状态

当我们通过计算机网络查询图书馆中某图书的有无时，需要在查询的客户端输入查询条件，客户端的查询状态又可以分成 3 个子状态：发送查询条件信息给主机服务器、等待查询结果和显示查询结果。

又如 ATM 取款，图 7.4 显示了 ATM 机处理过程的组合状态（复合状态）。

在使用 ATM 机的过程中，"开始"ATM 机处于"空闲状态"（idle），当插入银行卡后，进入"处理过程"（active），处理结束后，返回"空闲状态"。"处理过程"状态是组合状态，包含了 4 个子状态：银行卡验证（validating）、选择项目（selecting）、开始处理（processing）和结果打印（printing）。

图 7.4　ATM 程序处理的组合状态

　　转移的源状态可以是复合状态之外的任何状态,其目标状态则可能是一个复合状态或子状态。如果其目标状态是复合状态,那么嵌套的状态机就必须包括一个初始状态,在进入复合状态并在发出它的进入操作（如果有）之后,控制权将被传递给该初始状态。如果其目标状态是嵌套状态,那么在发出复合状态的进入操作（如果有）并发出嵌套状态的进入操作（如果有）后,控制权将被传递给该嵌套状态。

　　从复合状态发出的转移可能会将复合状态或子状态作为它的源状态。在这两种情况下,控制权先离开嵌套状态（并在可能的情况下发出它的退出操作）,然后离开复合状态（并在可能的情况下发出它的退出操作）。其源状态为复合状态的转移基本上会中断嵌套状态机的活动。

　　除非另有指定,否则当转移进入复合状态时,嵌套状态机的操作将从初始状态开始重新执行（除非转移直接以子状态为目标）。历史状态使状态机可以重新进入在它退出复合状态之前的最后一个活动子状态。使用历史状态的示例如图 7.5 所示。

图 7.5　历史状态

在 UML 状态机中,子状态表现为以下两种形式:

1）顺序子状态（Sequence Substate）

顺序子状态顾名思义是按照顺序一个接着一个出现的。如果一个复合状态的子状态对应的对象在其生命期内任何时刻都只能处于一个子状态,即不会有多个子状态同时发生,那么这个子状态就叫顺序子状态。

分析子状态机图形用户界面（GUI）的"工作"（Working）状态，可以得到以下的状态序列：

- 等待用户输入，简单记为"等待"状态（Awaiting User Input）。
- 登记用户输入，简单记为"注册"状态（Registering User Input）。
- 显示用户输入，简单记为"显示"状态。

用户输入触发了从"等待"状态到"注册"状态的转移。"注册"状态内的活动引起了图形用户界面（GUI）到"显示"状态的转移。

图 7.6 说明了在图形用户界面（GUI）的"工作"状态中的顺序子状态。

图 7.6　GUI 的"工作"状态中的顺序子状态

2）并发子状态（Concurrent Substate）

并发子状态允许在同一复合状态内部同时存在多个状态序列。尽管每个状态序列是一组顺序子状态，但是两个状态序列之间是并发关系。并发状态之间用虚线隔开，表示状态序列之间是并发关系。

图 7.7 显示了图形用户界面（GUI）处于"工作"状态时的并发子状态。

图 7.7　GUI 的并发子状态

在处于"工作"状态时，图形用户界面（GUI）并不是只等待用户的输入，它还要监视系统的时钟或者有时定期更新应用程序的界面显示。例如，一个应用程序可能包括一个屏幕时钟，它的图形用户界面（GUI）需要定期被更新。

5. 延迟事件（Deferred Event）

延迟事件是其处理过程被推迟的事件，它们的处理过程要到事件不被延迟的状态被激活时才会执行。当该状态被激活时，将触发延迟事件，同时可能导致转移（好像该事件刚刚发生）。要实施延迟事件，需要有事件的内部队列，也就是延迟事件的一个列表，如果事件已发生但被列为延迟，它就会被添加到队列中。队列中的事件在当前状态下不会处理。当对象进入了不会使事件延迟的状态时，将立即从该队列中取出这些事件。对于这些被延迟的事件，可以使用状态的延迟事件来建模。

7.1.4 转换

UML 状态机图中转换是两个状态之间的一种关系，表示对象将在源状态或当前状态中执行一定的动作，并在某个特定事件发生而且某个特定的警界条件被满足时进入目标状态。

转换由如下 5 部分组成：源状态、触发事件、监护条件、动作和目标状态。

1）源状态

转换是指状态机从一个状态到另外一个状态的转换，这种转换要接收触发事件或满足监护条件才能完成。对象在被激发前所处的状态就是转换的源状态。

2）触发事件

转换的触发事件就是引起转换的事件，是转换的诱因，可以是一个信号、事件、条件变化和时间表达式。一个信号或调用可以带有参数，参数值可以由监护条件和动作的表达式的转换得到。

3）监护条件

当转移的触发事件发生时，将对监护条件进行求值。监护条件是一个方括号括起来的布尔表达式，它被放在触发条件的后面。只要监护条件不重叠，就可能会有来自同一源状态并具有同一事件触发器的多个转换。在事件发生时，只为转换进行一次监护条件求值。如果值为"真"，则触发事件使转换有效。如果值为"假"，则不会引起转换。该布尔表达式可能会引用对象的状态。

4）动作

当转换发生时，它对应的动作被执行。动作是一个可执行的原子操作，也就是说动作是不可中断的，其执行时间是可忽略不计的。动作包括操作调用、向一个对象发送信号和另外一个对象的创建或撤销。它可以是包含一系列简单动作的动作序列。

5）目标状态

转换使对象从一个状态转换到另一个状态。当转换完成后，对象的状态发生了变化，这时所处的状态就是转换的目标状态。在图形上，源状态和目标状态不同于初始状态和终止状态，源状态位于表示转换的箭头的起始位置，目标状态位于表示转换的箭头所指的那个位置。

图 7.8 显示了状态机图中转换的 5 种元素构成。

图 7.8　状态机图转换的元素

例如，在用电磁炉烧开水的过程中，水的状态由源状态"Off"（不沸腾）转换为目标状态的"On"（沸腾），水壶中"有水"就是其监护条件，开启电源开关"turnOn"是其触发事件，进行"烧水"是状态转换的动作。

7.1.5　状态机图的建模技术及应用

状态机图用于对系统的动态方面建模。动态方面指出系统体系结构中任一对象按事件排序的行为，这些对象可以是类、接口、组件和节点。当使用状态机图对系统建模时，可以在类、用例、子系统或整个系统的语境中使用状态机图，对类、用例和系统实例的行为建模。

状态机图表示某个类所处的不同状态和该类的状态转换信息。虽然每个类都有状态，但在系统活动期间仅对具有 3 个或更多潜在状态的类画一个状态机图，进行状态机图描述。状态机图强调的是控制流的转移，即对象如何根据不同的事件从一个状态转移到另一个状态。这不仅包括状态的转变，还包括触发这些转变的事件，以及可能的转变条件（如守护条件）和伴随转变执行的动作。通过状态机图，可以按事件顺序对对象的行为进行建模，这有助于分析和预测对象在接收到特定序列的事件后的行为。

根据状态机图在 UML 中的定义，使用状态机图最常见的是对反应型对象，尤其是对类、用例或整个系统的实例的行为建模。反应型对象是指这个对象可能处于的稳定状态、从一个状态到另一个状态之间的转换所需的触发事件，以及每个状态改变时发生的动作。反应型对象具有如下特点：

（1）响应外部事件，即来自对象语境外的事件。

（2）具有清晰的生命周期，可以被建模为状态、迁徙和事件的演化。

（3）当前行为和过去行为存在着依赖关系。

（4）在对事件做出响应后，它又变回空闲状态，等待下一个事件。

使用状态机图对系统反应型对象建模时，应遵循如下策略：

（1）选择状态机的语境（即建模对象），不管它是类、用例还是整个系统。

（2）选择这个对象的初始状态和终止状态。为了指导模型的剩余部分，可能要分别地说明初始状态和终止状态的前置条件和后置条件。

（3）考虑对象可能在其中存在一段时间的条件，以决定该对象所在的稳定状态。从这个对象的高层状态开始，考虑它可能的子状态。

（4）在对象的整个生命周期中，决定稳定状态的有意义的顺序。

（5）决定可能触发从状态到状态的转换的事件。将这些事件建模为触发者，它触发从一个合法状态序列到另一个合法状态序列的转换。

（6）把动作附加到这些转换上，并且附加到这些状态上。

（7）考虑通过使用子状态、分支、汇合和历史状态来简化状态机图。

（8）核实所有的状态都是在事件的某种组合下可达的。

（9）核实不存在死角状态，即不存在那种不能转换出来的状态。

（10）通过手工或工具跟踪状态机，核对所期望的事件序列以及它们的响应。

状态机图中的多数状态是活动状态，而且所有或多数转换是由源状态中的活动完成所触发的。状态机图显示的是从状态到状态的控制流。状态机图的符号集包括 5 个基本元素：初始起点，使用实心圆来绘制；状态之间的转换，使用具有开箭头的线段来绘制；状态，使用圆角矩形来绘制；判断点，使用空心圆来绘制；一个或者多个终止点，使用内部包含实心圆的圆圈来绘制。要绘制状态机图，首先绘制起点和一条指向该类的初始状态的转换线段。状态本身可以在图上的任意位置绘制，然后只需使用状态转换线条将它们连接起来即可。

绘制状态机图的理想步骤是：

01 寻找主要的状态。

02 确定状态之间的转换。

03 细化状态内的活动与转换。

04 用复合状态来展开细节。

【例 7.2】以拨打电话为例进行状态机图建模。

首先，确定主要的状态。这里，电话开机时处于空闲状态，当用户拨号呼叫某人时，电话机进入拨号状态。如果呼叫成功电话接通，则电话机处于通话状态；如果呼叫不成功拨号失败，则电话机重新回到空闲状态。电话机在空闲状态被呼叫，进入响铃状态。如果用户摘机接听电话，则电话机处于通话状态，完成通话挂机后，电话机回到空闲状态。如果用户没有摘机，则电话机处于继续响铃状态。如果用户拒绝来电，则电话机回到空闲状态。因此，拨打电话的过程可以总结出 4 个状态，即空闲、拨号、通话和响铃。

其次，确定拨打电话时的状态转换，如表 7.1 所示。

表 7.1 拨打电话状态转换表

出发状态	动　　作	到达状态
空闲（idle）	拨号	拨号
空闲（idle）	来电	响铃
拨号（dialing）	拨号失败	空闲
拨号（dialing）	拨号成功	通话
通话（talking）	挂机	空闲
响铃（ringing）	摘机	通话
响铃（ringing）	无人接听	响铃
响铃（ringing）	拒接来电	空闲

根据状态的转换，画出状态转换图，如图 7.9 所示。

图 7.9　拨打电话的行为建模

【例 7.3】航班机票预订系统的状态机图的建模过程。

首先，确定主要的状态。在飞机刚确定飞行计划时，显然是没有任何预订的，并且在有人预订机票之前都将处于这种"无预订"状态。对订座而言，显然有"部分预订"和"预订完"两种状态，当航班快要起飞时，显然要"预订关闭"。总结一下，主要有 4 种状态：无预订、部分预订、预订完以及预订关闭。

其次，确定状态间的转换，航班预订状态转换表如表 7.2 所示。

表 7.2　航班预订状态转换表

源　目　标	无　预　订	部分预订	预　订　完	预订关闭
无预订		预订()	不直接转换	关闭()
部分预订	退订()，使预订人=0		预订()，无空座	关闭()
预订完	不直接转换	退订()		关闭()
预订关闭	无转换	无转换	无转换	

根据"表 7.2　航班预订状态转换表"，画出如图 7.10 所示的航班预订状态机图。

图 7.10　航班预订状态机图

【例 7.4】网上银行登录系统状态机图建模。要求提交个人社会保险号（SSN）和密码（PIN），经验证有效后才能成功登录。

首先，确定状态机图中的主要状态。登录过程包括以下状态：初始状态（Initial State）、获取社会保险号状态（Getting SSN）、获取密码状态（Getting PIN）、验证状态（Validating）、拒绝状态（Rejecting）和终止状态（Final State）。

其次，确定状态间转换。网上银行登录系统状态转换表如表 7.3 所示。

表 7.3　网上银行登录系统状态转换表

出发状态	动　　作	到达状态
Initial state	移动鼠标到 SSN	Getting SSN
Getting SSN	按非 Tab 键，显示输入内容	Getting SSN
Getting SSN	按 Tab 键或移动鼠标到 BIN	Getting PIN
Getting SSN	提交	Validating
Getting PIN	按非 Shift+Tab 键，显示"＊"	Getting PIN
Getting PIN	按 Shift+Tab 键或移动鼠标到 SSN	Getting SSN
Getting PIN	提交	Validating
Validating	验证提交信息有效，状态转移	Final state
Validating	验证提交信息无效，显示错误信息	Rejecting
Rejecting	退出	Final state
Rejecting	重试，清除无效的 SSN、PIN	Getting SSN

最后，根据表"7.3　网上银行登录系统状态转换表"提供的状态转换规律，画出状态转换图，如图 7.11 所示。

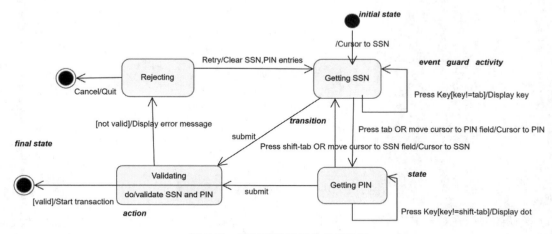

图 7.11　银行登录系统状态转换图

状态机图对对象生命周期建模，主要描述对象能够响应的事件、对这些事件的响应，以及过去对当前行为的影响。对反应型对象建模，主要描述这个对象可能处于的稳定状态、从一个状态到另一个状态之间的转换所需的触发事件，以及每个状态改变时发生的动作。总之，状态机图既可以用来表示一个业务领域的知识，也可以用来描述设计阶段对象的状态变迁。

7.2 活 动 图

7.2.1 活动图概述

状态机是展示状态与状态转换的图。状态机有两种可视化的建模方式，分别为活动图和状态机图。在用例模型中，可以利用文本来描述用例的业务流程，但如果业务流程较为复杂，则可能会难以阅读和理解，这时需要用更加容易理解的方式（图形）来描述业务过程的工作流，在 UML 中将这类描述活动流程的图形称为活动图。

需要说明的是，动作（Action）与活动（Activity）是有区别的：动作与一个转移相关联，在较少的时间内完成，其操作具有原子性，通常发生于状态的初始化、进入和退出时；活动指一个状态机中进行的非原子的执行单元，它由一系列的可执行的原子计算组成，这些原子计算会导致系统状态的改变或返回一个值。活动与一个状态关联，从一个状态进入时开始，需要一段时间来执行，可以被中断。

活动图被设计用于简化描述一个过程或者操作的工作步骤。活动用圆角矩形表示，接近椭圆。一个活动中的处理一旦完成，则自动引起下一个活动的发生。箭头表示从一个活动转移到下一个活动。和状态机图类似，活动图中的起点用一个实心圆表示，终点用一个实心圆外加一个圆圈表示。在一个活动图中，只有一个起始状态，但可以有多个终止状态。

图 7.12 的活动图说明了起点、终点、两个活动和转移的表示方法。

图 7.12 从一个活动转移到另一个活动

活动图表示在处理某个活动时，两个或者更多类对象之间的过程控制流。它用来描述采取何种动作、做什么（对象状态改变）、何时发生（动作序列）以及何处发生（泳道）。活动图可用于在业务单元的级别上对更高级别的业务过程进行建模，或者对低级别的内部类操作进行建模。活动图可以用来实现以下目的：

（1）描述一个操作执行过程中所完成的工作（动作），这是活动图最常见的用途。

（2）描述对象内部的工作。

（3）显示如何执行一组相关的动作，以及这些动作如何影响它们周围的对象。

（4）显示用例的实例如何执行动作，以及如何改变对象状态。

（5）说明一次业务流程中的人（参与者）和对象是如何工作的。

7.2.2　活动图的基本元素

活动图的符号集与状态机图中使用的符号集类似。像状态机图一样，活动图也从一个连接到初始活动的实心圆开始。活动是通过一个圆角矩形（活动的名称包含在其内）来表示的。活动可以通过转换线段连接到其他活动，或者连接到判断点，这些判断点连接到由判断点的条件所保护的不同活动。结束过程的活动连接到一个终止点（就像在状态机图中一样）。活动图中的基本要素包括状态、转移、分支、分叉和汇合、泳道、对象流等。

7.2.3　动作状态

对象的动作状态是活动图中最小单位的构造块，表示原子动作。动作状态有 3 个特性：

（1）原子性：即不能被分解成更小的部分。

（2）不可中断性：即一旦开始就必须运行到结束。

（3）瞬时性：即动作状态所占用的处理时间通常是极短的，甚至是可以被忽略的。动作状态使用圆角矩形表示，符号如图 7.13 所示。

图 7.13　动作状态图示

7.2.4　活动状态

动作状态表示的是不可分割的原子动作，而活动状态表示的是可以分割的动作。活动状态的特点是：

- 它可以被分解成其他子活动或动作状态。
- 它能够被中断。
- 占有有限的时间。
- 活动状态可以理解为一个组合，它的控制流由其他活动状态或动作状态组成。

在 UML 中，动作状态和活动状态的图标没有什么区别，都是带圆端的方框，只是活动状态可以有附加的部分，如可以指定入口动作、出口动作、动作状态以及内嵌状态机。

7.2.5　转移

转移是两个状态间的一种关系，表示对象将在当前状态中执行动作，并在某个特定事件发生或某个特定的条件被满足时进入后继状态。在 UML 中用一条简单的带箭头的直线表示一个转移，箭头上可以带有监护条件表达式。

图 7.14 显示了打电话的过程中状态的转移。

7.2.6 分支

分支用于描述基于某个条件的可选择路径。一个分支可以有一个进入转移和两个或多个输出转移。在每条输出转移上都有监护条件表达式，当且仅当监护条件表达式为真时，该输出路径才有效。在所有输出转移中，其监护条件不能重叠，而且它们应该覆盖所有的可能性。UML活动图中的分支用菱形表示。

图 7.15 显示了图书管理系统中用户信息修改功能活动图。

图 7.14　打电话活动图中状态的转移　　　　图 7.15　用户信息修改功能活动图

当用"输入读者姓名"和"从读者名册中查找读者信息"对读者用户信息进行查询的时候，符合查询条件的读者信息得到显示，可以根据权限开始"编辑读者信息"和"保存读者信息"，完成读者信息修改功能。如果不符合条件查询不到读者的信息，则"显示读者记录不存在"，返回查询的输入页面，重新进行查询工作。

7.2.7 分叉和汇合

对象在运行时可能会存在两个或多个并发运行的控制流，为了对并发的控制流建模，UML中引入了分叉与汇合的概念。

分叉表示把一个单独的控制流分成两个或多个并发的控制流。一个分叉可以有一个进入转移和两个或多个输出转移，每一个转移表示一个独立的控制流。汇合表示两个或多个并发控制流的同步发生，一个汇合可以有两个或多个进入转移和一个输出转移。分叉和汇合应该是平衡的。分叉和汇合在图形上都使用同步条来表示，同步条通常用一条粗的水平线表示。

图 7.16 显示了分叉和汇合的图示。

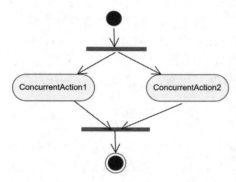

图 7.16　分叉和汇合图示

7.2.8　泳道

　　泳道将活动图中的活动划分为若干组，并把每一组指定给负责这组活动的业务组织，即对象。每一组表示一个特定的类、人或部门，它们负责完成组内的活动。在活动图中，泳道区分了负责活动的对象，它明确地表示了哪些活动是由哪些对象进行的。在包含泳道的活动图中，每个活动只能明确地属于一个泳道。泳道用于表示实际执行活动的对象。

　　泳道是用垂直实线绘出，垂直线分隔的区域就是泳道。在泳道的上方可以给出泳道的名字或对象的名字，该对象负责泳道内的全部活动。泳道没有顺序，不同泳道中的活动既可以顺序进行也可以并发进行，动作流和对象流允许穿越分隔线。

　　图 7.17 显示了活动图的两个泳道。

图 7.17　泳道图示

因为有两个对象——乐队经理和报告工具控制着各自的活动,所以整个过程首先从乐队经理选择查看乐队的销售报告开始,然后报告工具检索并显示乐队经理管理的所有乐队,并要求他从中选择一个乐队,在乐队经理选择一个乐队之后,报告工具就检索销售信息并显示销售报告。该活动图表明,显示销售报告是整个过程中的最后一步。

7.2.9 对象流

用活动图描述某个对象时,可以把所涉及的对象放置在活动图上,并用一个依赖将这些对象连接到对它们进行创建、撤销和修改的活动转移上。这种包括依赖关系和对象的应用被称为对象流。对象流是动作和对象间的关联。对象流可用于对下列关系建模:动作状态对对象的使用以及动作状态对对象的影响。

对象流中的对象有以下特点:

(1)一个对象可以由多个动作操作。

(2)一个动作输出的对象可以作为另一个动作输入的对象。

(3)在活动图中,同一个对象可以多次出现,它的每一次出现表明该对象正处于对象生命周期的不同时间点。

对象流用带有箭头的虚线表示。如果箭头从动作状态出发指向对象,则表示动作对对象施加了一定的影响。施加的影响包括创建、修改和撤销等。如果箭头从对象出发指向动作状态,则表示该动作使用对象流所指向的对象。活动图中的对象用矩形表示,矩形内是该对象的名称,名称下的方括号表明对象此时的状态。

图 7.18 显示了一个支付账单的对象流。

图 7.18　支付账单的对象流

7.2.10 活动图的建模技术及应用

活动图用于对系统的动态行为建模,通常有两种使用方式:

1. 为工作流建模

对工作流建模强调与系统进行交互的对象所观察到的活动。工作流一般处于系统的边界,用于可视化、详述、构造和文档化开发系统所涉及的业务流程。用于业务建模的时候,每一条泳道表示一个职责单位,该图能够有效地体现出所有职责单位之间的工作职责、业务范围及之间的交互关系、信息流程。建模时应遵循以下策略:

(1)为工作流建立一个焦点,确定活动图所关注的业务流程。由于系统较大的原因,不可能在一幅图中显示出系统中所有的控制流,通常一个活动图只用于描述一个业务流程。

(2)确定该业务流程中的业务对象。选择全部工作流中的一部分有高层职责的业务对象,并为每个重要的业务对象创建一条泳道。

（3）确定该工作流的起始状态和终止状态，识别工作流初始节点的前置条件和活动终点的后置条件，确定该工作流的边界，这可以有效地实现对工作流的边界进行建模。

（4）从该工作流的起始状态（初始节点）开始，说明随时间发生的动作和活动，并在活动图中把它们表示成活动状态或动作状态（活动节点）。

（5）将复杂的活动或多次出现的活动集合归到一个活动状态节点，并对每个这样的活动状态提供一个可展开的、单独的活动图来表示它们。

（6）找出连接这些活动和动作状态节点的转换，从工作流的顺序开始，先考虑分支，再考虑分叉和汇合。

（7）如果工作流中涉及重要的对象，则也可以将它们加入活动图中。如果需要描述对象流的状态变化，则需要显示其发生变化的值和状态。

【例7.5】图7.19显示的是一个处理票务订单的用例执行过程的一般活动图。

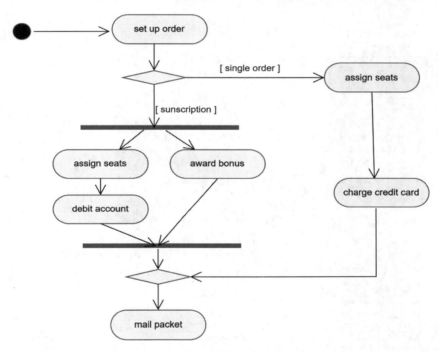

图7.19　订单处理的简单活动图

首先从开始状态出发，生成订单（set up order）。然后根据监护条件的不同决定执行不同的分支：如果是直接购买（single order），则执行分配座位（assign seat）和通过信用卡收款（charge credit card），并完成交易寄出票据（mail packet），如果是订购（subscription），则不仅执行分配座位（assign seat）并通过储蓄卡收款（debit card），同时还能获得奖励（award bonus），之后完成交易寄出票据（mail packet）。

【例7.6】图7.20显示的是图书管理系统中借阅者的活动图，记录了借阅者的活动状态。

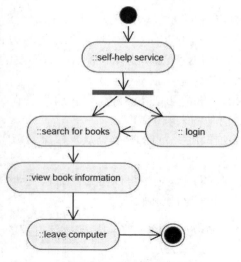

图 7.20　借阅者活动图

图 7.21 显示的是图书管理员的活动图，记录了图书管理员的活动状态。

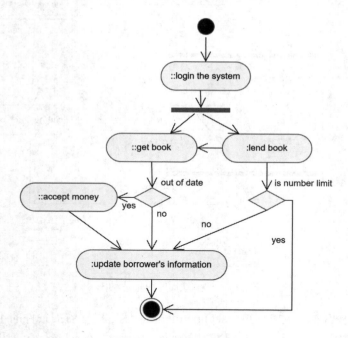

图 7.21　图书管理员活动图

系统管理员的活动图可以包含以下 3 个方面：

（1）系统管理员维护借阅者账户的活动，如图 7.22 所示。

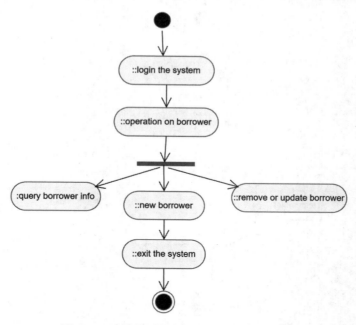

图 7.22　系统管理员维护借阅者账户的活动图

（2）系统管理员进行书目信息维护的活动，如图 7.23 所示。

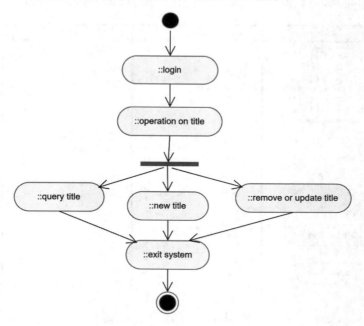

图 7.23　系统管理员进行书目信息维护的活动图

（3）系统管理员维护图书信息的活动图，如图 7.24 所示。

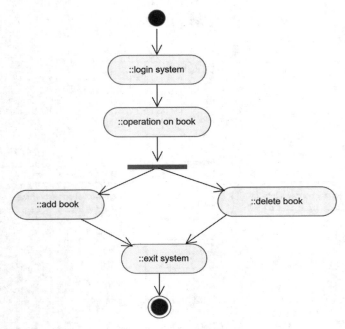

图 7.24　系统管理员维护图书信息的活动图

【例 7.7】图 7.25 为带泳道的股票交易活动图（模型中的活动按职责组织）。

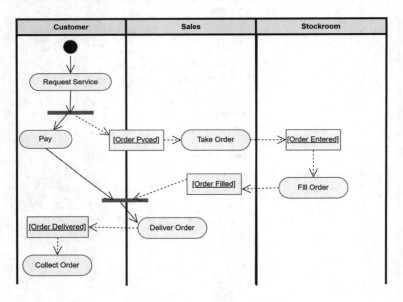

图 7.25　股票交易活动图（带泳道）

活动按职责分配到用线分开的不同区域（泳道）：顾客（Customer）、销售人员（Sales）和股票室（Stockroom）。

顾客（Customer）要求服务（Request Service）；销售人员（Sales）负责接收订单（Take Order），并提交到股票室（Stockroom）；股票室（Stockroom）处理订单（Fill Order）；同时顾客（Customer）

付款（Pay），并由销售人员（Sales）送订单（Deliver order）至 Customer 处。

2．为对象的操作建模

在这种情况下活动图本质上就是流程图,它描述系统的活动、判定点和分支等部分。因此,在 UML 中,可以把活动图作为流程图来使用,用于对系统的操作建模。每一个对象占据一个泳道,而活动则是该对象的成员方法。建模时应遵循以下策略:

（1）收集操作所涉及的抽象概念,包括操作的参数、返回类型、所属类的属性以及某些邻近的类。

（2）识别该操作的初始节点的前置条件和活动终点的后置条件,也要识别在操作执行过程中必须保持的信息。

（3）从该操作的初始节点开始,说明随着时间发生的活动,并在活动图中将它们表示为活动节点。

（4）如果需要,使用分支来说明条件语句及循环语句。

（5）仅当这个操作属于一个主动类时,才在必要时用分叉和汇合来说明并行的控制流程。

【例 7.8】图 7.26 所示的活动图为对象的操作建模,描述了求 Fibonacci 数列的第 n 个数的 fib 函数的流程。Fibonacci 数列以 0 和 1 开头,以后的每一个数都是前两个数之和。

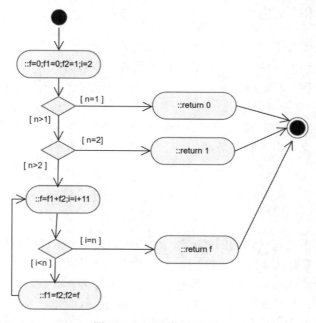

图 7.26 fib 函数活动图

虽然已对 fib 函数的操作建模,但实际应用的时候使用编程语言来表达更为便捷和直接,只有当操作行为复杂的时候才有必要用活动图描述。图 7.26 中的 Fibonacci 数列 0、1、1、2、3、5、8、13、21…的 C 语言实现代码如下:

```
#include<stdio.h>
long Fibonacci(long);
```

```
main()
{
  long result,number;
  printf("enter an integer");
  scanf("%ld,&number");
  result=fib(number);
  printf("fib(%ld)=%ld\n",number,result);
  result 0;
}
long fib(long n)
{
  long f=0, f1=0, f2=0;
  if(n==0||n==1)
  return n;
  else
  {
    for(i=2;i<=n;i++)
    {
      f=f1+f2;
      f1=f2;
      f2=f;
    }
      Return f;
  }
}
```

7.2.11　状态机图和活动图的比较

状态机图和活动图都用于对系统的动态行为建模。通常一个状态机依附于一个类，并且描述这个类实例对接收到的事物的反应。状态机有两种可视化方式，分别是状态机图和活动图。如果强调对象的潜在状态和这些状态之间的转换，一般使用状态机图；如果强调从活动到活动的控制流，一般使用活动图。活动图被设计用于描述一个过程或操作的工作步骤，从这方面讲，它可以算是状态的一种扩展方式。状态机图描述一个对象的状态以及状态的改变，而活动图除了描述对象状态外，更突出了它的活动。

7.3　小　　结

本章介绍了状态机图和活动图的基本概念、UML 表示法和建模的技术。在 UML 建模过程中，状态机图是非常有必要的，它能帮助系统开发人员理解系统中对象的行为。而类和对象图只能展现系统的静态层次和关联，并不能表达系统的行为。本章通过拨打电话、航班机票预订系统和网上银行登录系统来阐述了状态机图的绘制过程（确定状态，分析状态间的转换，细化活动与内部转化等过程完成状态），介绍了状态机图对对象的生命周期建模以及对反应型对象的行为建模的功能和建模策略。

UML 中的活动图主要是个流图，它描述了从活动到活动的控制流，还可以用来描述对象在控制流的不同点从一个状态转移到另外一个状态的对象流。本章主要讲解了活动图的基本内容，包括动作状态、活动状态、转移、分支、分叉和汇合、泳道、对象流，并举例探讨了用活动图为工作流建模和操作建模的策略。

7.4 习 题

1. 下面（　　　）不是 UML 中的静态视图。
    A. 状态机图　　　　B. 用例图　　　　C. 对象图　　　　D. 类图

2. （　　　）技术是将一个活动图中的活动状态进行分组，每一组表示一个特定的类、人或部门，它们负责完成组内的活动。
    A. 泳道　　　　　　B. 分叉汇合　　　C. 分支　　　　　D. 转移

3. 下列关于状态机图的说法中，正确的是（　　　）。
    A. 状态机图是 UML 中对系统的静态方面进行建模的 5 种图之一
    B. 状态机图是活动图的一个特例，状态机图中的多数状态是活动状态
    C. 活动图和状态机图是对一个对象的生命周期进行建模，描述对象随时间变化的行为
    D. 状态机图强调对有几个对象参与的活动过程建模，而活动图更强调对单个反应型对象建模

4. 对反应型对象建模一般使用（　　　）。
    A. 状态机图　　　　B. 顺序图　　　　C. 活动图　　　　D. 类图

5. 请选择 UML 中合适的图来描述图书管理系统中图书馆业务功能模块，该模块包括借书、还书、预约借书等功能。

第 8 章

组件图和部署图

在对面向对象系统的物理方面建模时使用两种图：一个是组件图，另一个是部署图。

组件图是表示组件类型的组织以及各种组件之间依赖关系的图，通过对组件间依赖关系的描述来估计对系统组件的修改可能给系统带来的影响。组件图用于描述系统中软件的构成，但没有描述系统中与硬件有关的构成情况。

部署图则用于描述系统硬件的物理拓扑结构以及在此结构上运行的软件，可以显示计算节点的拓扑结构、通信路径、节点上运行的软件、软件包含的逻辑单元（对象、类等）。部署图是描述任何基于计算机的应用系统（特别是基于 Internet 和 Web 的分布式计算系统）的物理配置的有力工具。

本章要点

- 掌握组件图和部署图的基本概念及其应用。
- 能够在简单的系统中应用组件图和部署图。

8.1 组 件 图

8.1.1 组件图概述

在对软件建模的过程中，可以使用用例图来表示系统的功能，使用类图来描述业务中的事物，使用活动图、交互图、状态机图来对系统动态行为建模。在完成这些设计后，分析人员就需要将这些逻辑设计图转换成实际的事物，如可执行文件、源代码、应用程序库等。在此过程中，有些组件必须重新建立，而有些组件则可以复用。现代软件开发是基于组件的，这种开发方式对群组开发尤为重要。因此，可以使用组件图来可视化物理组件以及它们之间的关系，并描述其构造细节。

组件图是对面向对象系统的物理方面建模时使用的两种图之一（另一种图是部署图），用于描述软件组件以及组件之间的组织和依赖关系。软件组件是软件系统的一个物理单元。作为一个或多个类的软件实现，组件驻留在计算机中。组件提供和其他组件之间的接口。在 UML 1.x 中，数据文件、表格、可执行文件、文档和动态链接库等都被定义为组件。实际上，建模者习惯把这些东西划分为部署组件（Deployment Component）、工作产品组件（Work Product Component）和执行组件（Execution Component）。UML 2.0 则统称它们为工件（Artifact），也就是系统使用或产生的一段信息。就好像一个组件是一个或多个类的实现一样，工件（如果它是可执行的话）是一个组件的实现。组件图有利于：

（1）帮助客户理解最终的系统结构。
（2）使开发工作有一个明确的目标。
（3）帮助开发组的其他人员理解系统。
（4）复用软件组件。

复用软件组件是十分重要的，特别是在当今快节奏的商业竞争中，建造的系统发挥功能越快，在竞争中获得的利益就越多。如果在一个系统开发中所构造的组件越能够在另一个系统开发中被复用，就越有利于获得这种竞争利益。在建立组件模型的工作上花费一些精力有助于复用。

当处理组件的时候，必须处理组件的接口。对象对其他对象和外部世界隐藏了内部信息，这被称作封装（Encapsulation）或信息隐藏（Information-Hiding）。对象必须提供对外部世界的窗口，以便让其他对象（也可能是人）能够通过这个窗口请求这个对象执行它的操作。这个窗口就是对象的接口。接口是一个类提供给其他类的一组操作，它使我们能够访问一个类的行为，并执行相关的操作。可以认为接口是只有操作的一个类，类中没有定义属性。接口既可用于概念建模，也可用于物理实体建模。类的接口和软件实体（组件）的接口是相同的概念。对建模者来说，这就意味着类的接口表示方式和组件的接口表示方式完全相同，尽管 UML 的表示符号集对类和组件的表示符号做了区分，但是概念接口和物理实体接口的表示符号完全相同。关于组件和接口，一个重要的结论是只能通过组件的接口来使用组件中定义的操作。与类和类的接口相同，组件和组件的接口之间的关系也叫作实现。还有一个重要的结论：组件可以让它的接口被其他组件使用，以使其他组件可以使用这个组件中定义的操作。换句话说，一个组件可以访问另一个组件中所定义的服务。可以这样说，提供服务的组件呈现了一个提供的接口（Provided Interface），访问服务的组件使用了所需的接口（Required Interface）。接口在组件复用和组件替换中是一个非常重要的概念，可以用一个组件替换另一个组件，只要新组件符合旧组件的接口。

这里举一个来自计算机领域的例子。某人的一台计算机出了故障无法启动，检查发现是电源出了问题，修理部很快就从另外一台计算机上找来了型号类似的电源替换原来的电源。之所以能够这么做，是因为新的电源恰好能够和原来的计算机的其他部件协同工作，尽管它是设计用在另外一台完全不同的计算机中的。这个例子也可以很好地说明复用。我们可以在一个系统中复用另一个系统的组件，只要新系统能够通过组件接口很好地访问复用的组件。如果能够对一个组件接口进行细化，以至于众多的其他组件都能够访问它，就可以在整个企业的开发项目中来复用这个组件。如果模型中的组件接口信息恰好可用的话，对于试图替代和复用一个组件的开发者来说，工作就简单得多了；否则，开发者还必须花费时间来逐步完成编码过程。

组件图用于静态建模，是表示组件类型的组织以及各种组件之间依赖关系的图。组件图通过对组件间依赖关系的描述来估计对系统组件的修改可能给系统带来的影响。

组件图的组成元素包括组件、接口和关系，还可以包括包和子系统。下面将对这些元素做详细介绍。

8.1.2 组件

1. 组件的基本概念和图形表示

组件是系统中遵从一组接口且提供实现的一个物理部件，通常指开发和运行时类的物理实现。组件常用于对可分配的物理单元建模，这些物理单元包含模型元素，并具有身份标识和明确定义的接口，它具有很广泛的定义。以下内容都可以被认作组件：程序源代码、子系统、动态链接库等。组件的图形表示法是把组件画成带有两个标签的矩形。每一个组件都必须有唯一的名称。

组件的图标是一个左侧附有两个小矩形的大矩形框，组件的名字位于组件图标的中央，名字本身是一个文本字符串，如图 8.1 所示。

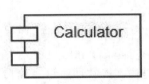

图 8.1　UML 中的组件图标

如果组件属于一个包，那么可以在组件名称的前面加上包名，还可以在另外一个隔开区域里绘出组件的操作，即该操作可以驻留在组件中，如图 8.2 所示。

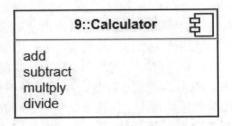

图 8.2　在组件图标中增加信息

2. 组件的类型

组件可以分为以下 3 种类型：

（1）实施组件（Deployment Component）：实施组件是构成一个可执行系统必要和充分的组件，如动态链接库（DLL）、二进制可执行体（EXE）、ActiveX 控件和 JavaBean 组件等。

（2）工作产品组件（Work Product Component）：这类组件主要是开发过程的产物，包括创建实施组件的源代码文件及数据文件。这些组件并不是直接地参加可执行系统，而是开发过程中的工作产品，用于产生可执行系统。

（3）执行组件（Execution Component）：这类组件是作为一个正在执行的系统的结果而被创建的，如由 DLL 实例化形成的 COM＋对象。

3. 组件与类的异同

一般来说，组件在许多方面都与类相同：二者都有名称，都可以实现一组接口，都可以参与依赖、泛化和关联关系，都可以被嵌套，都可以有实例，都可以参与交互。但是组件和类之间也有一些显著的差别：

（1）类表示逻辑抽象，而组件表示存在于计算机中的物理抽象。简而言之，组件可以存在于可实际运行的计算机上，而类不可以。

（2）组件表示的是物理模块而不是逻辑模块，与类处于不同的抽象级别。组件是一组其他逻辑元素的物理实现（如类及其协作关系），而类仅是逻辑上的概念。

（3）类可以直接拥有属性和操作；而一般情况下，组件仅拥有只能通过其接口访问的操作。这表明虽然组件和类都可以实现一个接口，但是组件的服务一般只能通过其接口来访问。

8.1.3　接口

接口是一组用于描述类或组件的一个服务的操作，它是一个被命名的操作的集合，与类不同，它不描述任何结构（因此不包含任何属性），也不描述任何实现（因此不包含任何实现操作的方法）。每个接口都有唯一的名称。

组件的接口可以分为两种类型：

（1）导出接口（Expert Interface）：即为其他组件提供服务的接口，一个组件可以有多个导出接口。

（2）导入接口（Import Interface）：即在组件中所用到的其他组件所提供的接口，一个组件可以使用多个导入接口。

组件和组件的接口可以采用两种表示法。一种是将接口用一个矩形来表示，矩形中包含了与接口有关的信息。接口与实现接口的组件之间用一条带空心三角形箭头的虚线连接，箭头指向接口，如图 8.3 所示。

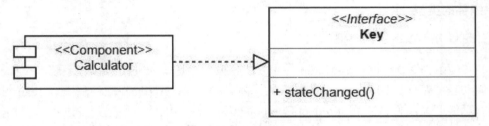

图 8.3　矩形接口及实现

另一种是用一个小圆圈来代表接口，并用实线将它和组件连接起来，如图 8.4 所示。在这种语境中，实线代表的是实现关系。图中的组件名称是 Dictionary，该组件向外提供两个接口，即两个服务，spell-check（拼写检查）和 synonyms（同义词）。

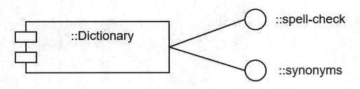

图 8.4　圆圈接口及实现

除了实现关系以外，还可以在图中表示出依赖关系，即组件和它用来访问其他组件的接口之间的关系。可以在一幅图中同时表示出实现和依赖关系，如图 8.5 所示。图 8.5 中使用了"球窝"符号，这里的"球"代表了提供的接口，"窝"代表了所需的接口。图中"Planner 计划者"构件向外提供一个"update"（更新）接口服务，同时该构件要求外部接口提供一个"reservations"（预订）服务。

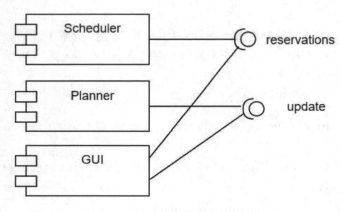

图 8.5　接口的实现和依赖关系

8.1.4　关系

关系是事物之间的联系，在面向对象的建模中，最重要的关系是依赖、泛化、关联和实现，但组件图中使用最多的是依赖和实现关系。

依赖关系是指组件依赖外部提供的服务（由组件到接口）。组件图中的依赖关系使用虚线箭头表示，如图 8.6 所示。

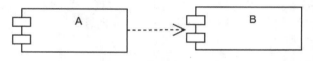

图 8.6　依赖关系的图示

实现关系是指组件向外提供的服务。实现关系使用实线表示，如图 8.7 所示。实现关系多用于组件和接口之间，组件可以实现接口。

图 8.7　实现关系的图示

8.1.5　组件图的建模技术及应用

1. 组件图建模及绘图的步骤

使用组件图建模可按照下列步骤进行：

<u>01</u>　对系统中的组件建模。
<u>02</u>　定义相关组件提供的接口。
<u>03</u>　对它们间的关系建模。
<u>04</u>　对建模的结果进行精化和细化。

组件图用来反映代码的物理结构。从组件图中，我们可以了解各软件组件（如源代码文件或动态链接库）之间的编译器和运行时依赖关系。使用组件图可以将系统划分为内聚组件并显示代码自身的结构。

【例 8.1】根据静态结构设计中所得到的包图和类图进行分析，可知图书管理系统由图书管理系统界面、业务逻辑处理组件、数据库访问组件和数据库组成。系统组件图如图 8.8 所示。

图 8.8　系统组件图

【例 8.2】对于一个酒店预订系统，将整个"酒店预订系统"作为一个构件，考虑其对外接口并确定系统对外的接口。显然它首先需要提供用户界面；其次需要与加盟的酒店系统连接，完成预订工作，就是提供了接入和输出接口，如图 8.9 所示。

图 8.9　酒店预订系统接口建模

图 8.10 显示如何确定子组件和接口，显然要有一个组件来实现用户界面，一个组件来完成与酒店系统的连接和预订，另外还应该有一个负责将用户的需求与酒店的供给进行匹配的"调度程序"子组件。

图 8.10　酒店预订系统建模子组件示意图

2. 组件图的几种使用方式

组件图用于对系统的静态实现视图建模，这种视图主要支持系统部件的配置管理。通常可以按下列 4 种方式来使用组件图。

1）对源代码建模

采用面向对象编程语言，使用集成化开发环境来分割代码，并将源代码存储到文件中。可以使用组件图来为这些文件的配置建模，并设置配置管理系统。

对源代码建模，要遵循如下的策略：

（1）识别出感兴趣的相关源代码文件的集合，并把它们建模为组件。

（2）对于较大的系统，利用包（文件夹）对其进行分组。

（3）通过约束来表示源代码的版本号、作者、最后的修改日期等信息，利用工具管理这个标记值。

（4）用依赖关系来表示这些文件间编译的依赖关系，依赖谁箭头就指向谁。利用工具帮助产生并管理这些关系。

例如，图 8.11 中有 5 个源代码文件。文件 signal.h 是一个头文件，标记显示了版本号的值。这个头文件被其他两个文件（interp.cpp 和 signal.cpp）引用，这两个.cpp 文件都是体文件，其中一个文件（interp.cpp）有一个到另一个头文件（irq.h）的编译依赖关系，而 device.cpp 又有一个到 interp.cpp 的编译依赖关系。有了这幅图，跟踪变化的影响就容易多了。例如，若源代码文件 signal.h 发生了变化，则需要重新编译 signal.cpp、interp.cpp 以及 device.cpp 这 3 个文件，irq.h 文件将不受影响。

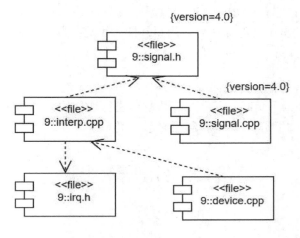

图 8.11　对源代码建模

2）对可执行体的发布建模

软件的发布是交付给内部或外部用户的相对完整而且一致的组件系列。在组件的语境中，一个发布注重交付一个运行系统所必需的部分。当用组件图对发布建模时，其实是在对构成软件的物理部分（即部署组件）所做的决策进行可视化、详述和文档化。

对可执行程序的结构建模要遵循如下策略：

（1）首先识别想建模的构件集合。

（2）考虑集合中各构件的不同类型。

（3）分析这个集合中每个构件之间的关系。

例如，图 8.12 体现了 callcenter.exe 对 sh_ttsu.dll 和 shp_a3.dll 这两个库的依赖。

图 8.12　对可执行体的发布建模

3）对物理数据库建模

可以把物理数据库看作模式（schema）在比特世界中的具体实现。实际上模式提供了对永久信息的应用程序编程接口（API），物理数据库模型表示了这些信息在关系数据库的表中或者在面向对象数据库的页中的存储。可以用组件图表示这些以及其他种类的物理数据库。

4）对可适应的系统建模

某些系统是相对静态的，其组件进入现场，参与执行，然后离开。另外一些系统则是较为动态的，其中包括一些为了负载均衡和故障恢复而进行迁移的可移动的代理或组件。可以将组件图与对行为建模的一些 UML 图结合起来表示这类系统。

8.2　部　署　图

8.2.1　部署图概述

部署图用于静态建模，是表示运行时过程节点结构、组件实例及其对象结构的图，展示了组件如何在系统硬件上部署，以及各个硬件部件如何相互连接。UML 部署图显示了基于计算机系统的物理体系结构。它可以描述计算机，展示它们之间的连接，以及驻留在每台机器中的软件。每台计算机用一个立方体来表示，立方体之间的连线表示这些计算机之间的通信关系。图 8.13 是部署图的一个例子。

图 8.13　部署图

部署图可以显示计算节点的拓扑结构、通信路径、节点上运行的软件、软件包含的逻辑单元（对象、类等），是描述任何基于计算机的应用系统（特别是基于 Internet 和 Web 的分布式计算系统）的物理配置的有力工具。

构成部署图的元素主要是节点、组件和关系。下面将分别进行介绍。

8.2.2　节点

节点是存在于运行时并代表一项计算资源的物理元素，一般拥有一些内存，而且通常具有处理能力。它一般用于对执行处理或计算的资源建模，通常具有如下两方面内容：能力（如基本内存、计算能力和二级存储器）和位置（在所有必需的地方均可得到）。在建模过程中，可以把节点分成两种类型：

- 在 UML 1.x 中，节点被划分为两种类型：处理器（Processor）和设备（Device）。处理器是能够执行软件组件、具有计算能力的节点。设备是不能执行软件组件的外围硬件，没有计算能力的节点，通常是通过其接口为外界提供某种服务，例如打印机、扫描仪等都是设备。尽管这种区分并没有在 UML 1.x 中形式化，但是它很有用。
- 在 UML 2.0 中，用立方体来表示一个节点（与 UML 1.x 例图一样）。UML 2.0 正式地把一个设备定义为一个执行工件的节点。为节点起一个名字，并添加关键字 <<device>> 来指明节点类型，尽管一般不需要这样做。图 8.14 显示了一个节点。

图 8.14　在 UML 中表示一个节点

图 8.15 展示了在一个节点上部署工件的 3 种建模方式。

图 8.15　在一个节点上部署工件的 3 种建模方式

模式（3）

图 8.15　在一个节点上部署工件的 3 种建模方式（续）

连接两个立方体的一条线表示两个节点相连。一个连接不一定是一段电线或电缆的有线连接，也可以是红外线或者通过卫星的无线连接。图 8.16 是一个节点间连接的例子。

图 8.16　表示节点间的连接

UML 2.0 对组件的强调带来了一系列和组件相关的概念，其中一个就是部署说明（Deployment Specification），也就是一个组件为另一个组件提供参数。一些调制解调器在连接过程中需要初始化命令，这就是一个典型的部署说明的例子。在这个例子中，部署说明就是一个字符串，用来说明调制解调器的部署，如图 8.17 所示。

图 8.17　部署说明

8.2.3 组件

部署图中还可以包含组件，这里所指的组件就是 8.1 节中介绍的组件图中的基本元素，它是系统可替换的物理部件。

节点和组件的关系可以归纳为以下两点：

（1）组件是参与系统执行的事物，而节点是执行组件的事物。简单地说就是组件是被节点执行的事物，如假设节点是一台服务器，则组件就是其上运行的软件。

（2）组件表示逻辑元素的物理模块，而节点表示组件的物理部署。这表明一个组件是逻辑单元（如类）的物理实现，而一个节点则是组件被部署的地点。一个类可以被一个或多个组件实现，而一个组件也可以部署在一个或多个节点上。

8.2.4 关系

部署图中也可以包括依赖、泛化、关联及实现关系。

部署图中的依赖关系使用虚线箭头表示。它通常用在部署图中的组件和组件之间，组件依赖外部提供的服务（由组件到接口）。图 8.18 示意了依赖关系。

实现关系是节点内组件向外提供服务，其表示符号是一条实线。关联关系体现节点间的通信关联，其表示符号也是一条实线，如图 8.19 所示。

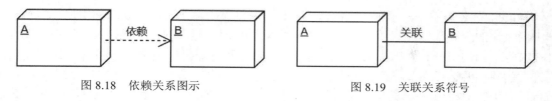

图 8.18　依赖关系图示　　　　　　图 8.19　关联关系符号

8.2.5 部署图的建模技术及应用

部署图用于对系统的静态部署视图建模。这种视图主要用来解决构成物理系统的各组成部分的分布、提交和安装。有些开发系统不需要部署图，例如开发的软件将运行在一台机器上，而且只和该机器上由宿主操作系统管理的标准设备（如键盘）相互作用，就不必设计部署图。如果软件交互设备是物理地分布在多个处理器上的，则使用部署图有助于思考系统中软件到硬件的映射。

1. 部署图的系统建模方式

对系统静态部署视图建模时，通常有以下 3 种方式使用部署图。

1）对嵌入式系统建模

嵌入式系统是软件密集的硬件集合，其硬件与物理世界相互作用。嵌入式系统既包括控制设备（如马达、传动装置和显示器）的软件，又包括由外部的刺激（如传感器输入、运动和温度变化）所控制的软件。可以用部署图对组成一个嵌入式系统的设备和处理器建模。嵌入式系统的部署图建模的策略为：

（1）识别对于系统而言唯一的设备和节点。

（2）重点在于对处理器和设备之间的关系建模。

（3）可以考虑对处理器和设备采用更直观的图标。

图 8.20 为一个嵌入式部署图示例。

图 8.20　嵌入式部署图示例

2）对客户机/服务器系统建模

客户机/服务器系统是一种常用的体系结构，它注重将客户机上的系统的用户界面和服务器上的系统的永久数据清晰地分开。它要求对客户机/服务器间的网络连接及系统中的软件组件在节点上的物理分布做出决策。可以用部署图对这种客户机/服务器系统的拓扑结构建模。当开发的软件要运行在多台计算机上时，就必须决定如何将软件组件以合理的方式部署在各个节点。其中客户机/服务器结构就是一种典型的分布式系统模型，它包含 3 层 B/S 结构、2 层 C/S 结构。图 8.21 为客户机/服务器系统部署图的应用。

图 8.21　客户机/服务器系统部署图

一个 UML 部署图描述系统的软件如何映射到将要执行它们的硬件上，用来显示系统中软件和硬件的物理架构，是一个运行时的硬件节点以及在这些节点上运行的软件的静态结构模型。图书管理系统的部署图如图 8.22 所示。

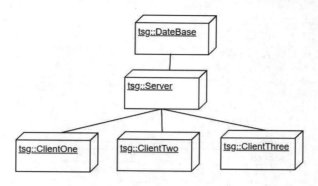

图 8.22　图书管理系统的部署图

3）对全分布式系统建模

广泛意义上的分布式系统通常由多级服务器构成。这种系统中一般存在着多种版本的软件组件，其中的一些软件组件甚至可以在节点间迁移。要构造这样的系统，需要对系统拓扑结构的不断变化做出决策。可以用部署图可视化系统当前的拓扑结构及组件的分布情况，并推断拓扑结构变化的影响。

绘制系统部署图可以参照以下步骤进行：

01　对系统中的节点建模。
02　对节点间的关系建模。
03　对节点中的组件建模，这些组件来自组件图。
04　对组件间的关系建模。
05　对建模的结果进行精化和细化。

2. 部署图的几个应用实例

1）实例层部署图

实例层部署图描述各节点和它们之间的连接，如图 8.23 所示，图中的关系是各个节点之间存在的通信关系。

图 8.23　实例层部署图

2）描述层部署图

描述层部署图表示了系统中的各节点和每个节点包含的组件，如图 8.24 所示。

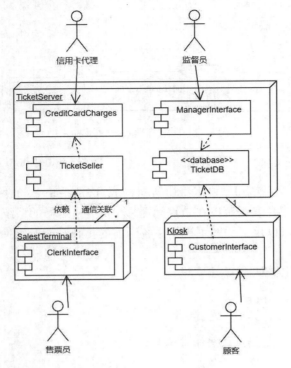

图 8.24　描述层部署图

图 8.24 中包括的各种关系如下：

- 通信链关系（不带箭头的直线）：TicketServe（票服务器）与 Kiosk（信息厅）之间存在一对多的通信关联，与 SalesTerminal（售票终端）也存在一对多的通信关联。
- 依赖关系（带箭头的虚线）：TicketSeller（售票）构件依赖 CreditCardCharges（信用卡付款）构件和 TicketDB（票数据库）构件提供的服务。

图 8.24 中顾客购票的情景说明如下：

- 顾客通过位于 Kiosk 节点的顾客接口组件进行购票的操作，该顾客接口组件的购票操作依赖于处于 TicketServer 节点上的售票组件提供的服务，售票组件要完成售票操作，又要依赖同一节点上信用卡付款组件提供的付款服务和票数据库构件。

各节点的组件说明如下：

- 节点 TicketServer 上的组件：CreditCardChargers、ManagerInterface、TicketSeller、TicketDB。
- 节点 Kiosk 上的组件：CustomerInterface。
- 节点 SalesTerminal 上的组件：ClerInterface。

3）细缆以太网

细缆以太网是目前很流行的一种网络。计算机与网络电缆之间通过一个叫作 T 型连接器（T-connector）的连接设备连接。一个网段可以通过一个中继器（Repeater）加入另一个网段。中继器是一种能够将接收到的信号放大、整形后再转发出去的网络连接设备。图 8.25 显示了一个细缆以太网的部署图。

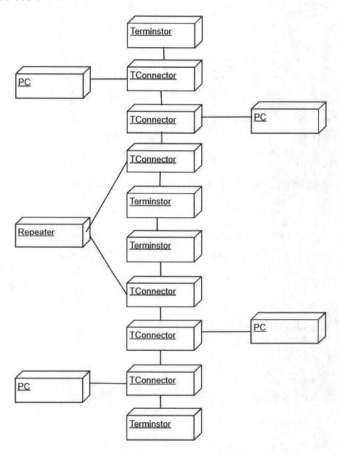

图 8.25　细缆以太网的部署图

8.3　小　结

组件图用于静态建模，是表示组件类型的组织以及各种组件之间依赖关系的图。组件图通过对组件间依赖关系的描述来估计对系统组件的修改可能给系统带来的影响。部署图是用来为面向对象系统的物理实现建模的图。部署图描述了节点和运行在其上的组件的配置，用来模拟系统的静态部署实现。

本章介绍了组件的定义以构成组件的要素，对组件、组件关系进行了详细的讲解，还对使用组件图建模适用领域进行了说明，并对最为常见的两种场景，即源代码建模、可执行体的发布建模进行了举例说明。此外,还介绍了部署图的语义和功能,通过实例讲解了部署图的应用。

8.4 习　　题

1.（　　　）是系统中遵从一组接口且提供实现的一个物理部件,通常指开发和运行时类的物理实现。
    A. 部署图　　　　　　　　　　　B. 类
    C. 接口　　　　　　　　　　　　D. 构件

2. 组件图用于对系统的静态实现视图建模,这种视图主要支持系统部件的配置管理,通常可以有 4 种方式来完成,下面（　　　）不是其中之一。
    A. 对源代码建模　　　　　　　　B. 对事物建模
    C. 对物理数据库建模　　　　　　D. 对可适应的系统建模

3.（　　　）是可复用的,提供明确接口完成特定功能的程序代码块。
    A. 模块　　　　　　　　　　　　B. 函数
    C. 用例　　　　　　　　　　　　D. 软件构件

4. 组件图展现了一组组件之间的组织结构和依赖关系。它专注于系统的（　　　）实现图。
    A. 动态　　　　　　　　　　　　B. 静态
    C. 基础　　　　　　　　　　　　D. 实体

5.（　　　）是用于把元素组织成组的通用机制。
    A. 包　　　　　　　　　　　　　B. 类
    C. 接口　　　　　　　　　　　　D. 组件

6.（　　　）是一组用于描述类或组件的一个服务的操作。
    A. 包　　　　　　　　　　　　　B. 节点
    C. 接口　　　　　　　　　　　　D. 组件

7.（　　　）是被节点执行的事物。
    A. 包　　　　　　　　　　　　　B. 组件
    C. 接口　　　　　　　　　　　　D. 节点

第 9 章

包图、组合结构图、定时图、交互概览图和概要图

本章导读

UML 2.0 在 UML 1.x 的基础上新增了包图、组合结构图、定时图和交互概览图，UML 2.5 又新增了概要图。本章分别对这几个新图进行讲述，介绍基本元素并给出例子。

本章要点

● 理解包图、组合结构图、定时图、交互概览图和概要图的相关概念及基本组成元素。
● 掌握包的定义及包的可视化表示。

9.1 包 图

9.1.1 包图概述

包是一种把元素组织到一起的通用机制，包可以嵌套于其他包中。包图用于描述包与包之间的关系，包的图标是一个带标签的文件夹。包图描绘模型元素在包内的组织和依赖关系，包括包的导入和扩展。它们还提供相应命名空间的可视化。包的图标如图 9.1 所示。

包既是一个命名空间，也是一个元素。包可以拥有其他包或与其他包合并，它的元素可以导入包命名空间中。除了要在项目浏览器中使用包来组织

图 9.1 包的图标

项目的内容之外，还可以拖动包到图中（大多数图类型、标准和扩展）以描述结构或关系，包括包的导入或合并。

9.1.2 包之间的关系

1. 引入关系

引入关系是指一个包中的类可以被另一个指定包（以及嵌套于其中的那些包）中的类引用。

引入关系是依赖关系的一种，需要在依赖线上增加一个<<import>>衍型，一般包之间的依赖关系属于引入关系。引入关系如图 9.2 所示。

2. 泛化关系

泛化关系是指一个包继承了另一个包的全部内容，同时又补充自己的内容，如图9.3所示。

3. 嵌套关系

嵌套关系是指一个包中可以包含若干个子包，构成了包的嵌套层次结构，如图 9.4 所示。

图 9.2　包的引入关系　　　　图 9.3　包的泛化关系　　　图 9.4　包的嵌套关系

9.1.3 包图的建模技术及应用

1. 包图建模技巧

两种组包方式：

- 根据系统分层架构组包（推荐使用）。
- 根据系统业务功能模块组包。

在使用包图时，有以下建模技巧：

- 参照类之间的关系确定包之间的关系。
- 减少包的嵌套层次，一般不超过 3 层。
- 每个包的子包控制在 7±2 个。
- 如果几个包有若干相同组成部分，则优先考虑将它们合并。
- 可通过包图来体现系统的分层架构。

2. 举例

基于浏览器/服务器（B/S）架构的 OA 系统的包图如图 9.5 所示。

图 9.5   基于 B/S 的 OA 系统的包图

9.2   组合结构图

9.2.1   组合结构图概述

组合结构图将每一个类放在一个整体中，从类的内部结构来审视一个类。组合结构图可用于表示一个类的内部结构。例如，驾驶员控制汽车速度的组合结构图如图 9.6 所示。

图 9.6   驾驶员控制汽车速度的组合结构图

组合结构图使用类、接口或组件（和它们的属性）来描述功能内部的合作。组合结构图与类图类似，区别在于它们的模型结构决定了各自使用场合的不同。类图建模类的静态结构，包括它们的属性和行为。

在组合结构图中，类是作为部件或运行时执行特定角色的实例而被访问的。如果需要类的多个实例来填充角色，那么这些部件可以有多重性。在组合结构中，所有连接部件提供所需的接口是通过部件的端口来维持的，这确保了建模的灵活性并降低了建模的复杂性。若要优化建模，可以考虑使用协作建模以可重用模式来响应复杂的设计问题。

9.2.2   基本元素

组合结构图的基本元素有：

（1）部件：表示被描述事物所拥有的内部成分。

（2）连接件：表示部件之间的关系。

（3）端口：表示部件和外部环境的交互点。

9.2.3　组合结构图的建模技术及应用

1．组合结构图建模技术

组合结构图所能表达的信息，使用组合或者聚合也能表达，它只是一种新的表达形式。组合结构图可以表示一个类的内部成员对象之间的相互关系，是对传统类图的一个补充。组合结构图适用于表示含有内部类的类与外部接口之间的相互关系。

2．示例

图 9.7 是一个数据库访问的组合结构图示例。

图 9.7　数据库访问的组合结构图

9.3　定　时　图

9.3.1　定时图概述

定时图采用一种带数字刻度的时间轴来精确地描述消息的顺序，而不是像顺序图那样只是指定消息的相对顺序，而且它还允许可视化地表示每条生命线的状态变化。当需要对实时事件进行定义时，定时图可以很好地满足要求。

定时图是 UML 2.0 新增的建模图，实质上，定时图是一种特殊的顺序图。对于一些实时性较强的系统功能进行建模时，可以使用定时图。

定时图是一个二维图，在纵轴方向，处在不同位置的水平线表示对象处在不同的状态；横轴用来表示时间，时间由左向右延伸。

定时图的焦点集中于生命线内部以及它们之间沿着时间轴的条件变化。

定时图可以把状态发生变化的时刻以及各个状态所持续的时间具体地表示出来。如果把多个对象放在一个定时图中，还可以把它们之间发送和接收消息的时刻表示出来。在这方面，定时图与其他几种交互图相比具有独到的优势。

定时图来自电子工程领域，在需要明确定时约束一些事件时可以使用它们。

9.3.2 基本元素

定时图的基本元素有：

（1）生命线：一条水平线，反映处于活跃状态的对象实体。

（2）状态：对象实体随时间变化所处的状态。

（3）事件：改变对象状态所激发的动作。

（4）时间：水平方向的时间标度。

（5）时序约束：状态持续时间的间隔要求。

9.3.3 定时图的建模技术及应用

1. 定时图建模技术

定时图用于表示不同对象上状态改变之间的定时约束，如果需要对交互时间进行控制，可以使用定时图。对于那些时间指标要求很高或者时序关系复杂而又敏感的系统（如实时系统和通信领域的某些系统）而言，定时图是一种有力的描述手段。

在大部分应用系统的建模中，一般不需要用定时图来描述对象的行为以及它们之间的交互，但是可能需要用它描述系统中某些局部对象的交互情况。

定时图主要强调两个方面的时间相关性：状态变化和值变化。

（1）状态变化：定时图可以展示对象在其生命周期内的状态如何随时间改变。这对于理解对象如何响应不同的事件或操作非常有用，尤其是在状态改变需要在特定时间点或在特定时间范围内发生的系统中，如图 9.8 所示。

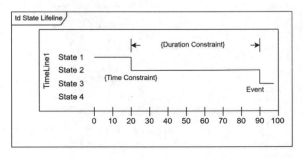

图 9.8 状态变化

（2）值变化：除了状态变化外，定时图也可以用来表示对象属性或变量的值随时间的变化。这对于分析系统中某些关键变量的动态行为特别重要，如温度变化、速度调整、信号强度变化等，如图 9.9 所示。

图 9.9　值变化

2. 示例

图 9.10~图 9.12 是定时图的 3 个示例。

图 9.10　图书卡扫描仪和系统的定时图

图 9.11　门禁系统的定时图

图 9.12　身份验证系统的定时图

9.4　交互概览图

9.4.1　交互概览图概述

交互概览图是交互图与活动图的混合物，可以把交互概览图理解为细化的活动图，其中的活动都通过一些小型的顺序图来表示；也可以将其理解为利用标明控制流的活动图分解过的顺序图。

交互概览图用于将一些零散的顺序图组织在一起，它采用了活动图的构造方式，利用了活动图的各种控制节点，并把活动图的每个活动节点替换为一个交互或者交互使用。每个交互或者交互使用都使用一个顺序图表示。交互概览图是活动图的变体，它将活动节点进行了细化，用一些小的顺序图来表示活动节点的内部对象控制流。交互概览图的大部分图符号与活动图和顺序图相同。

9.4.2　基本元素

交互概览图既可以理解为细化的活动图，也可以理解为被标明控制流的活动图分解过的顺序图。因此，其基本元素包括活动图和顺序图的基本元素。

（1）活动图的基本元素：状态、转移、分支、分叉和汇合、泳道、对象流，具体内容请参考 7.2 节。

（2）顺序图的基本元素：角色、对象、生命线、激活期、消息，具体内容请参考 6.1 节。

9.4.3　交互概览图的建模技术及应用

1．交互概览图建模技术

在交互概览图中，使用活动图描述主线，使用顺序图描述细节。

交互概览图包含顺序图的表示法及活动图的判断和分支表示法。

交互概览图试图将活动图中活动节点之间的控制流机制和顺序图中的生命线间的消息序列混合在一起,很多人认为它并没有加入多少新特性。因此,一般情况下很少绘制交互概览图。

2. 示例

如图 9.13 所示为用户借阅图书的整体活动图,其中查询学生信息和查询图书信息两个活动可以分别扩展为图 9.14 和图 9.15。

图 9.13　用户借阅图书的整体活动图

图 9.14　学生用户扫描图书证的局部顺序图

图 9.15　管理员扫描图书的局部顺序图

用户借书的交互概览图如图 9.16 所示。

图 9.16　用户借书的交互概览图（全图参看源文件）

9.5 概要图

9.5.1 概要图概述

概要图是 UML 的一种扩展机制，它可以帮助用户为现有的 UML 图表创建新的属性和语义，而不仅仅局限于 UML 标准元素。通过使用构造型、标记值和约束，概要图可以表达更丰富的信息和约束，从而提高建模的准确性和灵活性。

概要图的主要特点和用途如下：

（1）自定义原型：概要图允许用户定义自己的原型，这有助于创建具有特定属性和行为的 UML 元素。

（2）标记值和约束：概要图支持使用标记值和约束来描述 UML 图表中的元素，这有助于为模型添加额外的信息和约束。

（3）扩展和自定义现有的 UML 符号：通过概要图，用户可以扩展和自定义现有的 UML 符号，以适应特定的建模需求。

（4）辅助其他 UML 图：概要图可以作为其他 UML 图表的辅助图表，提供更丰富的上下文信息。

9.5.2 基本元素

1．概要（profile）

概要是一个概要类型的包，它通过允许针对特定领域、平台或软件开发方法的构造来调整或自定义元模型，从而扩展参考元模型。

概要通过在包中的普通元模型上引入约束或限制来定义元类。概要中主要的扩展构造是构造型，它被定义为概要的一部分，并用于扩展一些元类。

概要是引用元模型的一种受限形式，它必须始终与从 MOF（如 UML 或 CWM）创建的某些引用元模型相关。如果没有引用元模型，就不可能定义独立的概要。

概要的图标如图 9.17 所示。

图 9.17　概要

2．元类（metaclass）

元类是一个概要类和包元素，是可被扩展的包内元素，可以通过一个或多个构造型对其进行扩展。

元类可以在概要图的名称前面或者上方添加<<Metaclass>>来表示（注意，在 UML 2.4 以前，使用小写首字母的<<metaclass>>表示）。

元类的图标如图 9.18 所示。

图 9.18　元类

3．构造型（stereotype）

构造型是一个概要类，它定义了如何将现有元类扩展为概要的一部分。它允许使用平台或领域特定的术语或表示法来代替或补充用于扩展元类的术语或符号。

构造型本身不能独自使用，必须始终与它扩展的元类一起使用。构造型不能被另一种构造型扩展，但是可以被另一种构造型继承。

构造型使用与类相同的符号，可以用短型表示，也可以用长型，如图 9.19 所示。在构造型名称之前或上方添加关键字<<stereotype>>表示。构造型名称不应与扩展模型元素的关键字名称冲突。

图 9.19　构造型

4．扩展（extension）

扩展是概要图中的一种关联关系，用于表示元类和构造型之间的关系，并提供了灵活地将构造型添加到元类中并在必要时删除的能力。

扩展的符号是一个带有填充的三角形箭头，如图 9.20 所示。

图 9.20　扩展

扩展关联是由构造型指向元类，如图 9.21 所示。

图 9.21　元类与构造型之间的扩展关联

5．引用（reference）

引用是一种导入关系，主要表示元类导入和包导入。元类的引用和元模型的引用有两个目的：（1）表示元模型元素能够被概要导入；（2）可以配置概要的过滤规则。

引用的图标如图 9.22 所示。

图 9.22　引用

元类、元模型与概要之间的导入关系如图 9.23 所示。

图 9.23　元类、元模型与概要之间的导入关系

6．应用（application）

应用是一种定向的关系，一般表示概要被应用在包中。一个或多个概要可以应用于从由该概要扩展的同一元模型创建的包。应用一个概要，意味着这个概要是被允许的，但不是必需的。应用一个构造型被定义为概要的一部分。

应用的图标如图 9.24 所示。

图 9.24　应用

概要与包之间的应用关系如图 9.25 所示。

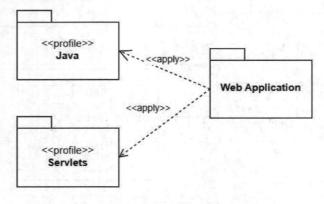

图 9.25　概要与包之间的应用关系

9.5.3 概要图的建模技术及应用

1. 概要图建模技术

概要图不是一种传统的图标类型，它是一种 UML 中轻量级的扩展机制。概要文件允许对 UML 元模型进行不同的调整。

概要机制不是一级扩展机制。它不允许像 MOF 那样修改现有的元模型或创建新的元模型。概要文件只允许在特定域、平台或方法中定义新的元素，它也不能取消应用于元模型的所有约束，但可以添加新的约束。

在建模概要图时需要注意，构造型不能单独使用，需要基于元类进行扩展，扩展关系的箭头指向元类。引用关系实质上是一种导入关系，可将元类或者包导入概要中。应用是一种定向关系，实质上也就是一种使用关系，一般用于对包和概要之间的关系进行描述。

2. 示例

如图 9.26 所示是 Java EJB 3.0 概要图模型，在该模型图中，Componet 是元类；EJB 作为构造型，是 Componet 的扩展，在扩展时添加了约束关系表示必须；Session EJB、Entity EJB、Message EJB 等继承了基本 EJB，Stateless EJB 和 Stateful EJB 继承了 Session EJB。

图 9.26　Java EJB 3.0 概要图模型

9.6 小　　结

本章介绍的 5 种图主要作为 UML 1.x 中的 9 种图的扩展，实际应用中除了包图之外，其他 4 种图应用较少，但是在一些特殊的环境下也有着重要的作用。

包图描绘模型元素在包内的组织和依赖关系，包括包的导入和包扩展。它们还提供相应命名空间的可视化。

组合结构图使用类、接口或组件（和它们的属性）来描述功能内部的合作。组合结构图与类图类似，类图建模类的静态结构，包括它们的属性和行为，组合结构图适用于表示含有内部类的类与外部接口之间的相互关系。

定时图可以把状态发生变化的时刻以及各个状态所持续的时间具体地表示出来。如果把多个对象放在一个定时图中，还可以把它们之间发送和接收消息的时刻表示出来。在这方面，定时图与其他几种交互图相比具有独到的优势。

交互概览图用于将一些零散的顺序图组织在一起，它采用了活动图的构造方式，利用了活动图的各种控制节点，并把活动图的每个活动结点替换为一个交互或者交互使用。

概要图是一种为 UML 图表创建新语义的机制。创作者可以使用此功能来标记值和关键字，添加条件和约束，或者设计全新的 UML 元素，而不仅仅作为 UML 图表绘制工具中通常可用的元素。

9.7 习　　题

1. 在 UML 中，（　　　）可以有效地对模型元素进行组织，如类、用例、构件，从而构成具有一定意义的单元。

　　A．构件　　　　　　　B．包　　　　　　　C．节点　　　　　　D．连接

2. 组合结构图与类图有何共同点和区别？它有哪些基本元素？

3. 使用定时图的主要目的是什么？

4. 定时图分别在什么情况下使用状态或者值表示变化？

5. 请给出一个简单的办公打卡系统的定时图。

6. 交互概览图通常是哪两种图的混合图？为什么提出交互概览图？

第 10 章

汽车租赁系统

汽车租赁系统是为汽车租赁公司的管理自动化而开发的一套应用软件系统，能够系统、科学、安全和方便地管理公司的各项业务，并能存储和检索所有的客户、车辆和员工的信息，大大提高了租赁公司的工作效率，在系统的开发设计过程中，UML 作为一种强大的图形化建模语言，充分体现了其强大和灵活。

本章要点

- 掌握汽车租赁系统的设计与分析过程。
- 掌握 UML 在汽车租赁系统开发各阶段的应用。

10.1　系统需求分析

10.1.1　汽车租赁系统的需求分析

本系统是为方便汽车租赁公司的业务管理而实现的系统，能够系统、科学、安全和方便地管理公司的各项业务，并能存储和检索大量的客户、车辆、员工信息，大大提高了公司的工作效率，是现代化、科技化、数字化社会的高级产物，可以顺应时代的发展和步伐，为公司未来业务的扩展带来更好的前景。

1）汽车租赁系统的功能分析

汽车系统的功能性分析可以反映一个系统能够完成的各种功能，它能够清晰、明确地把这个系统要完成的功能展示给后续的设计人员和使用者。汽车租赁系统的具体功能如下：

- 系统允许用户注册。
- 系统允许用户登录。
- 系统允许用户查询车辆信息（包括所有车辆信息和已借车辆信息）。
- 系统允许用户修改个人信息。
- 系统允许用户网上预订车辆。
- 系统允许用户电话预订车辆。
- 系统允许用户查询换车时间。
- 系统允许用户取消预订的车辆。
- 系统允许用户通过不同的渠道交付订金。
- 系统为用户分配自己的账号和访问权限。
- 系统允许系统维护人员登录系统。
- 系统允许系统维护人员查询用户基本信息。
- 系统允许系统维护人员注销用户。
- 系统允许系统维护人员删除信用不良好的用户。
- 系统允许系统维护人员同意用户的预订申请。
- 系统允许系统维护人员同意用户的借车申请。
- 系统允许系统维护人员同意用户的还车申请。
- 系统允许系统维护人员清算用户的费用。
- 系统允许系统维护人员催缴到期未还的用户。
- 系统允许系统维护人员管理员工的信息。
- 系统允许系统维护人员分配操作权限给用户。
- 系统允许技术人员登录系统。
- 系统允许技术人员查询车辆信息。
- 系统允许技术人员修改并保存车辆信息。
- 系统允许技术人员添加并保存车辆信息。
- 系统允许技术人员删除并保存车辆信息。

2）汽车租赁系统的非功能性需求

除了功能性需求外，汽车租赁系统还有以下非功能性需求：

- 网络响应速度应该尽量快。
- 用户填写的信息应该尽量少，尽量采用选择和勾选的方式。
- 系统应该有预留接口，可以方便地连接到客服的电话。

10.1.2 功能模块图

汽车租赁系统的功能模块图反映了汽车租赁系统的功能及各个功能之间的关系，具体内容如图 10.1 所示。

图 10.1　汽车租赁系统功能模块图

功能模块图说明如下：

（1）汽车租赁系统：这是一个大的系统，用于管理客户、员工和车辆等三方面的信息。

（2）车辆信息管理：这个功能主要用于与车辆有关的操作的处理和管理，用于管理车辆基本信息和借车、还车信息。

（3）员工信息管理：这个功能用于管理系统维护人员、技术人员的基本信息，包括管理系统维护人员对系统、员工和业务的管理以及技术人员对车辆的管理。

（4）客户信息管理：用于管理用户对车辆的预订、使用和归还的信息。

（5）车辆信息数据库：用于记录车辆的借车价格、相关规定等信息。

（6）借车管理：用户向公司租赁汽车，并操作与租赁有关的信息。

（7）还车管理：用于记录还车信息，以及与还车有关的信息。

（8）系统维护人员数据：用于记录系统维护人员的职能等基本信息。

（9）技术人员数据库：用于记录技术人员的基本信息，以方便对技术人员有关的信息进行管理。

（10）技术人员对车辆管理：用于记录技术人员对车辆管理的信息。

（11）客户预订车辆管理：用于管理用户预订车辆的信息，可以通过不同的途径预订车辆，并可以缴纳订金。

（12）客户使用车辆管理：用于管理用户使用车辆的信息，包括记录车辆的使用时间、使用情况和信誉记录。

（13）客户归还车辆管理：用于管理用户归还车辆的信息，并结算用户使用车辆的钱款。

10.2　用例图设计建模

10.2.1　汽车租赁系统中的用例图简述

本系统根据功能共划分 3 个用例图，分别为：

（1）客户用例图：主要描述客户的注册，客户信息的修改，客户借车、还车时需要完成的内容，如客户通过电话或网上预订车辆、客户可以查询车辆的信息、还车时结余款的处理、如果车出现故障要缴纳罚金等。

（2）技术人员用例图：描述系统维护人员对系统的维护和管理，包括管理员工信息、管理员登录系统、设置用户级别、查询用户信息及注销用户。

（3）系统维护用例：描述技术人员修改车辆信息、添加车辆信息、删除车辆信息等功能，在修改车辆信息之前对所要修改的车辆信息进行查询，在进行修改、删除、添加等操作后系统对其数据进行保存。

10.2.2　与客户有关的用例图

在与客户有关的用例图中，注册、提交借车申请和提交还车申请这 3 个用例都是客户在系统中可以完成的操作，所以和客户是关联关系。在注册之后客户应该有修改个人信息的权利，所以修改个人信息是注册用户的一个扩展。同理，查询车辆信息、预订车辆都是提交借车申请的扩展，结余也是必须在提交还车申请后才能完成的，所以是提交还车申请的扩展，而缴纳罚金又是结余的添加功能，所以缴纳罚金用例是结余的扩展用例。登录系统则是客户进行借车和还车的前提，与提交借车申请和提交还车申请都是包含关系。客户用例图具体如图 10.2 所示。

图 10.2　客户用例图

用例图说明如下：

（1）注册用户用例：用于客户注册，方便以后对车辆的租借和自己的相关信息进行陈述和证明，从来没有进入系统的人员第一次进入系统时使用。

（2）提交借车申请用例：用于客户向公司租赁汽车，包括从选车到取车的全过程。

（3）提交还车申请用例：用于客户记录还车相关信息。

（4）查询车辆信息用例：用于客户查询车辆信息，系统显示车辆信息。

（5）预订车辆用例：用于方便客户预订车辆。客户可以通过电话预订，也可以通过网络预订。

（6）还车结余用例：用于方便客户查询还车结余车款情况，方便交易的完成。

（7）电话预订用例：当客户需要订车，但由于某种原因不能现场预订时，可以通过电话预订车辆。

（8）网上预订用例：用于方便客户网上预订车辆，减少订车的麻烦。

（9）缴纳罚金用例：用于客户违反协定时缴纳罚金，从而维护公司的正当利益，同时增强客户的安全意识。

（10）查询还车时间用例：用于客户在忘记自己应何时还车时，查询还车时间，方便提醒客户及时还车。

（11）登录系统用例：用于需要使用本系统的客户登录系统。

（12）取消预订用例：用于客户在预订后并在实际使用前两天内可以取消或变更预订车辆。

（13）交订金用例：用于客户借车或预订车辆时交纳订金，加强公司对车辆和客户的管理。

（14）查询已借车辆信息用例：用于客户在借车后查询自己已借的车辆信息。

（15）修改个人信息用例：用于客户个人信息发生改变时修改自己的相关信息。

10.2.3　与系统维护人员有关的用例图

在与系统维护人员有关的用例图中，由于系统维护人员也是员工的一种，因此系统维护人员和员工是泛化关系。系统维护人员在系统中可以以管理员身份登录、管理员工信息、管理客户信息、管理系统信息，所以他与这 4 个用例是关联关系。这里，管理用户信息的前提是查询出待管理的用户信息，所以管理用户信息与查询用户信息之间的关系是包含关系。催缴用户钱款、注销用户、设置用户级别这些用例都是管理用户信息派生出来的功能，所以与管理用户信息之间是扩展关系。系统维护人员用例图具体如图 10.3 所示。

图 10.3　系统维护人员用例图

用例图说明如下：

（1）管理用户用例：用于系统维护人员对客户的基本信息、常借车型、联系方式、是否租赁车辆等信息进行管理。

（2）管理员登录系统用例：用于系统维护人员以管理员身份登录系统（权限与员工及客户登录不同）。

（3）管理员工信息用例：用于系统维护人员对员工的基本信息，包括所属部门、所做工作、工作表现、联系方式等进行管理。

（4）注销用户用例：用于系统维护人员删除有不良记录的客户的信息或其他原因退出本系统的客户信息。

（5）查询用户信息用例：用于系统维护人员根据相关内容查询用户的全部信息，以便对用户信息进行管理。

（6）设置用户级别用例：用于系统维护人员设置用户的访问权限，方便对用户的管理。

（7）催缴用户钱款用例：用于系统维护人员管理对实际需交纳的钱款多于订金数，并未按期归还车辆的客户催缴钱款，并提醒客户还车。

（8）管理系统用例：用于系统维护人员对系统进行管理。

（9）设置版区用例：用于系统维护人员对系统界面进行设置，使系统界面美观。

（10）配置系统的基本信息用例：用于系统维护人员配置系统的基本信息，使系统具有基本的结构和功能。

10.2.4　与技术人员有关的用例图

在与技术人员有关的用例图中，技术人员也是员工的一种，所以与员工是泛化关系。技术人员在系统中的主要操作有修改车辆信息、添加车辆信息、删除车辆信息，所以它们与技术人员为关联关系。在进行修改、添加、删除操作之前都必须查询一下需要变更的车辆信息，在进行修改、添加、删除操作之后必须保存更改后的信息，所以查询车辆信息和保存车辆信息与3个操作用例的关系是包含关系。技术人员用例图具体如图 10.4 所示。

图 10.4　技术人员用例图

用例图说明如下：

（1）修改车辆信息用例：用于技术人员修改车辆信息，并显示修改后的车辆信息。

（2）查询车辆信息用例：用于技术人员在用户借车之前、还车以后对车况进行检查。

（3）添加车辆信息用例：用于技术人员对新进车辆或者出现其他状况的车辆添加信息。

（4）删除车辆信息用例，用于技术人员删除报废车辆或车辆本身不再具备的一些信息。

（5）保存车辆信息用例：用于技术人员在对车辆进行修改、添加、删除等操作后保存信息，以便于以后对车辆情况进行跟踪。

10.3　类图设计建模

本系统根据功能及模块分为两个类图，分别为数据访问层类图和业务层类图。

10.3.1　数据访问层类图

数据访问层类图描述了数据库中各类之间的关系，主要有员工基本信息的实体类、客户基本信息的实体类、车辆基本信息的实体类，具体各类之间的关系如图 10.5 所示。

图 10.5　数据访问层类图

类图说明：

（1）员工基本信息类：用于存储员工的基本信息，方便对公司员工进行管理。

（2）技术人员基本信息类：用于存储技术人员的基本信息，以方便管理。

（3）系统维护人员基本信息类：用于存储系统维护人员的基本信息，以方便管理。

（4）车辆基本信息类：用于存储车辆的信息，方便客户和员工查询车辆信息，也方便员工管理车辆。

（5）客户基本信息类：用于存储客户基本信息，方便系统维护人员对客户信息进行管理。

（6）借车申请表类：用于存储客户申请借车的信息，使员工根据此数据进行借车管理。

（7）还车申请表类：用于存储客户还车申请的信息，方便员工进行还车管理。

（8）未借车辆基本信息类：用于存储现未借出的车辆信息，在批准借车申请前需要对未借车辆进行查询确认。

（9）已借车辆基本信息类：用于存储已借出的车辆信息，在处理车辆申请前需要对已借车辆进行查询，方便业务处理。

10.3.2　业务层类图

业务层类图描述了业务层各类之间的关系，主要有管理员工的实体类、登录系统的实体类、注册的实体类、界面设置的实体类、用户级别设置的实体类、借车的实体类、还车的实体类、预订车辆的实体类、查询车辆信息的实体类等。具体各类之间的关系如图 10.6 所示。

图 10.6　业务层类图

类图说明如下：

（1）管理员工类：用于系统维护人员对员工信息进行查询、修改等操作。

（2）注册类：用于还没有注册的客户、员工注册信息。

（3）登录系统类：用于客户、员工登录系统。

（4）系统维护人员登录类：用于系统维护人员登录系统。

（5）客户登录类：用于客户登录系统。

（6）技术人员登录类：用于技术人员登录系统。

（7）界面设置类：用于系统维护人员进行界面设置，使系统界面更美观。

（8）设置用户级别类：用于系统维护人员对客户进行级别设置，以方便对用户进行管理。

（9）借车申请类：用于客户借车之前进行借车申请，借车申请时要填写车辆借用客户信息，以方便系统维护人员管理。

（10）还车申请类：用于客户还车之前进行还车申请，以方便员工进行车辆管理。

（11）预订车辆类：用于客户预订车辆，员工根据预订车辆的信息进行借车处理。

（12）查询车辆信息类：用于客户在借车、还车以前对所要出借、归还的车辆信息进行查询。

（13）交订金类：用于客户借车后交订金。

（14）网上预订类：用于客户通过网上预订车辆。

（15）电话预订类：用于客户通过打电话的形式预订车辆。

（16）结余类：用于客户还车时进行结余。

10.4 顺 序 图

根据需求分析和功能模块图，本系统划分出 8 个事件流和顺序图来描述客户、系统维护人员、技术人员在系统中的各种操作，用事件流来反映事件发生的条件、性质和结果；用顺序图形象地反映事件发生的步骤。这 8 个事件流和顺序图包括客户注册并管理个人信息的事件流及顺序图、客户借车的事件流及顺序图、客户还车的事件流与顺序图、技术人员查询车辆的事件流及顺序图、技术人员管理车辆的事件流与顺序图、系统维护人员登录并管理系统的事件流及顺序图、系统维护人员管理用户的事件流及顺序图、系统维护人员管理员工信息的事件流及顺序图。

10.4.1　与客户有关的事件流和顺序图

客户在系统中可以注册，可以借车，可以还车，根据这几项功能，分别给出的事件流与顺序图如下：

1）客户注册并管理个人信息的事件流及顺序图

客户注册并管理个人信息的事件流及顺序图主要反映了用户注册并管理自己的注册信息的基本过程。客户注册是客户登录系统的第一个步骤，也是客户登录系统的前提和基础。具体事件流内容如表 10.1 所示。

表 10.1　客户注册并管理个人信息事件流

内　　容	说　　明
用例编号	Kehu-1
用例名称	客户注册并管理个人信息
用例说明	参与者通过注册获得进入和使用系统的权限，并可以对自己在系统内部的注册信息进行管理
参与者	客户
前置条件	
后置条件	系统正确接收用户提交的信息并且成功保存到数据库中
基本路径	发出注册申请 系统显示注册页面 参与者填写相关注册信息，单击"提交"按钮 注册成功后对个人注册信息进行更新、修改等操作 操作完成后退出系统或进行其他操作
扩展路径	当操作内容超过客户访问权限时，剥夺用户操作的权利

　　用户只能在注册成功后才可以修改自己的个人信息，并且只能修改系统允许修改的信息，客户本身修改的信息不得超过自己的访问权限，否则返回修改失败的信息。客户注册并管理个人信息顺序图如图 10.7 所示。

图 10.7　客户注册并管理个人信息顺序图

2）客户借车事件流及顺序图

　　客户借车事件流及顺序图反映了已经登录系统的客户想要借车的操作顺序，反映了用户在查找到自己想要使用的车辆后预订车辆、付订金及取得车辆的过程。在这个过程中，系统为用户提供了两种预订车辆的方式，包括网上预订和电话预订。具体的事件流内容如表 10.2 所示，对应的顺序图如图 10.8 所示。

表 10.2　客户借车事件流

内　　容	说　　　明
用例编号	Kehu-2
用例名称	客户借车
用例说明	参与者以客户身份进入系统后进行与借车有关的一系列操作
参与者	客户

（续表）

内　　容	说　　明
前置条件	—
后置条件	系统正确接收用户提交的信息并且成功保存到数据库中
基本路径	查询出可以租赁的车辆 填写借车申请表 核实借车申请表，当审核通过时，比对借车时间，如果不发生冲突，则领取取车申请表，交订金 凭借取车申请表取车 操作完成后退出系统或进行其他操作
扩展路径	当操作内容非法时，终止其操作并给予非法操作的提示

图 10.8　客户借车顺序图

3）客户还车的事件流与顺序图

客户还车的事件流与顺序图反映了客户还车的基本过程，客户还车前先对车况进行检查，然后结算钱款，在结算钱款之后客户需要根据所结算的钱款付钱；当员工认可了所付钱款和客户换车的凭证之后，修改数据库中的车辆记录，换车完毕。具体的事件流内容如表 10.3 所示，客户还车的顺序图如图 10.9 所示。

表 10.3　客户还车事件流

内　　容	说　　明
用例编号	Kehu-3
用例名称	客户还车
用例说明	参与者以客户身份进入系统后进行与还车有关的一系列操作
参与者	客户
后置条件	系统正确接收用户提交的信息并且成功保存到数据库中
基本路径	单击"还车"按钮 核实车况 确认车况无误后结算钱款 操作完成后退出系统或进行其他操作
扩展路径	当操作内容非法时，终止其操作并给予非法操作的提示

图 10.9　客户还车顺序图

10.4.2　与系统维护人员有关的事件流和顺序图

系统维护人员在系统中可以登录并管理系统，可以进行员工管理，可以进行用户管理，根据这几项功能，分别给出的事件流与顺序图如下：

1）系统维护人员登录并管理系统事件流及顺序图

系统维护人员登录并管理系统事件流及顺序图反映了管理员登录及管理系统的操作顺序。管理员对系统进行页面设置及系统管理，在此之前需要登录系统，即输入正确的账号和密码。具体的事件流内容如表 10.4 所示，对应的顺序图如图 10.10 所示。

表 10.4　系统维护人员登录并管理系统事件流

内　　容	说　　明
用例编号	Xitongweihu-3
用例名称	系统维护人员登录并管理系统
用例说明	参与者以系统维护人员身份登录系统后，对系统的配置和界面进行管理
参与者	系统维护人员
前置条件	参与者拥有系统维护人员的账号和密码
后置条件	系统正确接收用户提交的信息并且成功保存到数据库中
基本路径	参与者输入正确的账号和密码 以系统维护人员身份登录系统后单击管理系统 对系统进行管理 操作完成后退出系统或进行其他操作
扩展路径	密码输入不正确时退出系统

图 10.10　系统维护人员登录并管理系统顺序图

2）系统维护人员管理员工信息的事件流和顺序图

系统维护人员管理员工信息的事件流和顺序图反映了系统管理人员管理员工信息的步骤和过程。在删除、添加、修改员工信息以前先对员工信息进行查询。查询出结果之后对其进行权限范围内的更新及删除。具体的事件流内容如表 10.5 所示，对应的顺序图如图 10.11 所示。

表 10.5　系统维护人员管理员工信息事件流

内　容	说　明
用例编号	Xitongweihu-2
用例名称	系统维护人员管理员工信息
用例说明	参与者以系统维护人员身份进入系统对员工信息进行添加、修改、删除等操作
参与者	系统维护人员
前置条件	参与者拥有系统维护人员的管理权限
后置条件	系统正确接收用户提交的信息并且成功保存到数据库中
基本路径	输入要查询的员工信息 查找出要进行管理的员工信息 进行添加、修改、删除等操作 操作完成后退出系统或进行其他操作
扩展路径	把更新后的信息保存在数据库上

图 10.11　系统维护人员管理员工顺序图

3）系统维护人员管理用户的事件流和顺序图

系统维护人员管理用户的事件流和顺序图反映了系统维护人员对客户进行用户级别设置及催缴费用的操作顺序，在进行设置及催缴费用之前对相关信息进行查询。具体的事件流内容如表 10.6 所示，对应的顺序图如图 10.12 所示。

表 10.6　系统维护人员管理用户事件流

内　容	说　明
用例编号	Xitongweihu-2
用例名称	系统维护人员管理用户
用例说明	参与者以系统维护人员身份登录系统后，对客户进行访问权限、信息、业务的基本管理
参与者	系统维护人员
前置条件	参与者拥有系统维护人员的账号和密码
后置条件	系统正确接收用户提交的信息，并且成功保存到数据库中
基本路径	查找出需要进行管理的客户信息 设置注册用户的访问权限和级别 对客户的借车和还车申请进行处理 如客户在使用车辆过程中出现订金不足的现象，则进行催缴 操作完成后退出系统或进行其他操作
扩展路径	注销用户，禁止不良记录用户

图 10.12　系统维护人员管理用户顺序图

10.4.3　以技术人员有关的事件流和顺序图

技术人员在系统中可以管理车辆信息，可以查询车辆信息。本小节将根据这几项功能，分别给出相应的事件流与顺序图。

1）技术人员管理车辆信息事件流及顺序图

技术人员管理车辆信息事件流及顺序图，反映了技术人员对车辆进行操作的时间顺序。技术人员登录系统以后才能进行其他的操作，在改动车辆信息前要对变动的车辆进行查询。具体的事件流内容如表 10.7 所示。对应的顺序图如图 10.13 所示。

表 10.7 技术人员管理车辆信息事件流

内　　容	说　　明
用例编号	Jishurenyuan-1
用例名称	技术人员管理车辆信息
用例说明	参与者以技术人员身份登录系统后，对车辆的基本信息进行更新、查找、删除等管理
参与者	技术人员
前置条件	参与者拥有技术人员的账号和密码
后置条件	系统正确接收用户提交的信息并且成功保存到数据库中
基本路径	提取车辆实际上的信息 以合法身份登录车辆数据库 选择要对车辆进行的操作种类 对车辆进行相应操作 操作完成后退出系统或进行其他操作
扩展路径	超出权限就终止操作并给出提示信息

图 10.13 技术人员管理车辆顺序图

2）技术人员查询车辆的事件流和顺序图

技术人员查询车辆的事件流和顺序图反映了技术人员对车辆进行管理的基本步骤，是技术人员进行车辆管理的基础。具体的事件流内容如表 10.8 所示，对应的顺序图如图 10.14 所示。

表 10.8　技术人员查询车辆事件流

内　　容	说　　明
用例编号	Jishurenyuan-2
用例名称	技术人员查询车辆信息
用例说明	参与者以技术人员身份登录系统后，对车辆的基本信息进行查询
参与者	技术人员
前置条件	参与者拥有技术人员的账号和密码
后置条件	系统正确接收用户提交的信息并且成功保存到数据库中
基本路径	输入账号和密码 验证账号和密码正确后登录系统 输入要查询的车辆的相关信息 查找出相应车辆并显示在屏幕上 操作完成后退出系统或进行其他操作

图 10.14　技术人员查询车辆顺序图

10.5　通信图设计建模

10.5.1　汽车租赁系统中的通信图

根据汽车租赁系统中的顺序图，分别转换出以下通信图：客户注册并管理个人信息的通信图、客户借车的通信图、客户还车的通信图、技术人员查询车辆的通信图、技术人员管理车辆的通信图、系统维护人员登录并管理系统的通信图、系统维护人员管理用户的通信图、系统维护人员管理员工信息的通信图。

10.5.2 与客户有关的通信图

客户在系统中的顺序图包括客户注册并管理个人信息顺序图、客户借车顺序图、客户还车顺序图。根据这三个顺序图转换的通信图为：客户注册并管理个人信息的通信图、客户借车的通信图、客户还车的通信图。

1）客户注册并管理个人信息的通信图

客户注册并管理个人信息的通信图如图 10.15 所示。

图 10.15　客户注册并管理个人信息通信图

通信图说明如下：

（1）客户要想注册，需要在系统界面单击"注册"按钮，并填写准确的个人信息，通过屏幕向系统传送注册请求；系统同意注册后，返回给屏幕同意注册信息，当屏幕显示注册成功信息后，用户注册才能成功。

（2）客户要修改个人信息，需要在系统界面选择修改操作，通过屏幕向数据库发送修改请求；数据库同意修改后，返回给屏幕同意修改信息；用户填写所要修改的信息，通过屏幕将数据传送到数据库；数据库同意修改，并返回修改成功的信息，用户修改才能成功。

2）客户借车通信图

客户借车通信图如图 10.16 所示。

图 10.16　客户借车通信图

通信图说明如下：

（1）客户要借车，需要在屏幕上单击"租赁车辆"按钮，通过屏幕将租赁车辆信息传送给后台数据库；数据库检查车辆现在是否可以出租，并返回给屏幕是否可以出租的信息。

（2）客户要预订车辆，需要在屏幕上单击"预订"按钮，屏幕返回给用户预订车辆的表格，用户填写无误后，通过屏幕将预订车辆信息传送给后台数据库；数据库对信息进行验证，验证准确后，返回预订成功的信息，客户才能预订车辆成功。

（3）客户要取车，需要数据库通过屏幕返回取车通知单；用户提交取车通知单后，需要数据库进行验证，验证信息准确后，客户才能取车。

3）客户还车通信图

客户还车通信图如图 10.17 所示。

图 10.17　客户还车通信图

通信图说明如下：

（1）客户要想还车，需要在屏幕上单击"还车"按钮；同时员工需要检查车辆，确认车辆无误后通过屏幕把车辆信息返回给客户，使客户重新确认车辆信息。

（2）要想完成结余工作，首先需要用户确认车辆信息，然后通过屏幕向数据库发送清算钱款请求；数据库清算后，返回给屏幕清算结果，客户才会支付钱款给员工。

10.5.3 与技术人员有关的通信图

技术人员在系统中的顺序图有技术人员查询车辆顺序图和技术人员管理车辆顺序图，根据顺序图转换的通信图为技术人员查询车辆的通信图和技术人员管理车辆的通信图。

1）技术人员查询车辆的通信图

技术人员查询车辆的通信图如图 10.18 所示。

图 10.18　技术人员查询车辆通信图

通信图说明如下：

（1）技术人员要想登录数据库，需要输入数据库密码，然后通过屏幕将数据传送给数据库；数据库对密码进行验证，验证密码正确后，技术人员才能成功登录数据库。

（2）技术人员要想查询车辆信息，需要输入所要查询车辆的信息，屏幕向数据库发送查询车辆信息；数据库查询后通过屏幕将查询的信息返回给技术人员，技术人员查询车辆信息才能成功。

2）技术人员管理车辆的通信图

技术人员管理车辆的通信图如图 10.19 所示。

图 10.19　技术人员管理车辆通信图

通信图说明如下：

（1）技术人员要想检查实际的车辆信息，需要发送查询请求，查询是否有车辆的信息发生变动。

（2）技术人员要想登录数据库，需要输入数据库密码，然后通过屏幕将数据传送给数据库；数据库对密码进行验证，验证密码正确后，技术人员才能登录数据库。

（3）技术人员要想管理车辆，需要选择对车辆进行管理的操作种类，并通过屏幕传给数据库；数据库同意后，通过屏幕返回可以进行操作的信息；客户输入操作内容，再将数据传送到数据库；数据库确认后，技术人员管理车辆操作才能完成。

10.5.4　与系统维护人员有关的通信图

系统维护人员在系统中的顺序图有系统维护人员登录并管理系统的顺序图、系统维护人员管理用户的顺序图、系统维护人员管理员工信息的顺序图。根据顺序图转换的通信图为系统维护人员登录并管理系统的通信图、系统维护人员管理用户的通信图、系统维护人员管理员工信息的通信图。

1）系统维护人员登录并管理系统的通信图

系统维护人员登录并管理系统的通信图如图 10.20 所示。

图 10.20　系统维护人员登录并管理系统通信图

通信图说明如下：

（1）系统维护人员要想登录系统，需要输入账号及密码，通过屏幕将账号及密码传送给数据库；数据库对密码进行验证，验证密码正确后，系统维护人员才能登录数据库。

（2）系统维护人员要想对系统进行管理，需要单击管理系统，进入管理系统界面，才能对系统进行管理。

2）系统维护人员管理用户的通信图

系统维护人员管理用户的通信图如图 10.21 所示。

图 10.21　系统维护人员管理用户通信图

通信图说明如下：

（1）系统维护人员要想查询用户信息，需要通过屏幕向数据库发送用户查询信息；数据库查询后，通过屏幕将查询的信息返回给系统维护人员，查询用户操作才能完成。

（2）系统维护人员要想设置用户级别，需要在屏幕上单击设置用户级别，填写用户级别，并将数据送到数据库进行更新和保存，用户级别设置才能成功。

（3）系统维护人员要对用户进行催缴，需要单击催缴用户，通过屏幕向数据库发送查询催缴用户的操作；数据库进行查询，并把结果返回给屏幕，系统维护人员根据返回的信息向用户进行催缴。

3）系统维护人员管理员工信息的通信图

系统维护人员管理员工信息的通信图如图 10.22 所示。

图 10.22　系统维护人员管理员工通信图

通信图说明如下：

（1）系统维护人员要想查询员工信息，需要通过屏幕向数据库发送员工查询信息；数据库查询后，通过屏幕将查询到的信息返回给系统维护人员，查询员工信息操作才能完成。

（2）系统维护人员要想修改员工信息，需要在系统界面选择修改员工信息操作，并通过屏幕向系统传送修改请求；系统同意后，数据库修改并保存信息，返回修改成功信息，修改员工信息操作才能完成。

（3）系统维护人员要想删除员工信息，需要在系统界面选择删除员工信息操作，并通过屏幕向系统传送删除请求；系统同意后，将员工信息在数据库中删除，并返回删除成功信息，删除员工信息操作才能完成。

（4）系统维护人员要想添加员工信息，需要在系统界面选择添加员工信息操作，并通过屏幕向系统传送添加请求；系统同意后，数据库保存所添加的员工信息，并返回添加成功信息，添加员工信息操作才能完成。

10.6 活 动 图

10.6.1 系统中的活动图

根据本系统的功能可以分为 10 个活动图：技术人员管理车辆活动图、客户查询车辆信息活动图、客户注册活动图、系统维护人员管理员工信息活动、电话预订车辆活动图，网上预订车辆活动图、还车申请活动图、系统维护人员管理用户信息活动图、系统维护人员管理系统活动图、催缴钱款活动图。

10.6.2 与客户有关的活动图

1）客户查询车辆信息活动图

客户查询车辆信息时要先登录，登录后的具体活动如图 10.23 所示。

图 10.23　客户查询车辆信息活动图

活动图说明如下：

（1）输入用户名、密码：用户必须输入用户名和密码才可以登录。

（2）验证用户信息：查看用户名和密码是否匹配。
（3）重新输入：如果用户名和密码不匹配，则提示用户重新输入。
（4）填写查询车辆的相关信息：登录后可以查询车辆信息。
（5）信息查询：连接到系统的信息查询。

2）客户注册活动图

注册时要经过系统维护人员核实信息，具体活动如图 10.24 所示。

图 10.24　客户注册活动图

活动图说明如下：

（1）填写申请表：用户填写申请表，进行申请。
（2）检查申请表信息：系统检查申请表信息是否正确。
（3）重新填写申请表：如果申请表信息不正确，则提示重新填写。
（4）把信息写入数据库：将审核通过后的申请表信息存入数据库。
（5）给客户分配权限：给客户分配查询的权限。
（6）进行相应操作。

3）电话预订车辆活动图

客户可以通过电话预订车辆，具体活动如图 10.25 所示。

图 10.25　电话预订车辆活动图

活动图说明如下：

（1）描述预订车辆相关信息：对预订的车辆进行相关的描述。

（2）验证是否有符合条件的车辆信息：检查是否存在符合用户描述的车辆。

（3）查询描述预订车辆信息：查询需要的车辆描述信息。

（4）调出符合客户条件的车辆信息：如果存在与用户描述匹配的车辆，则调出车辆信息。

（5）由于信誉记录不好而终止预订：当信誉值过低时而产生的终止预订的行为。

（6）为用户核算相应钱款：为申请的用户给予相应的钱款。

（7）交订金：提示用户提交相应订金。

（8）为用户配置取车验证码：系统为用户配置相应的取车验证码。

（9）取车：用户进行取车操作。

（10）更改车辆信息数据库：取车后系统更改车辆信息。

4）网上预订车辆活动图

客户可以在网上预订车辆，具体活动如图 10.26 所示。

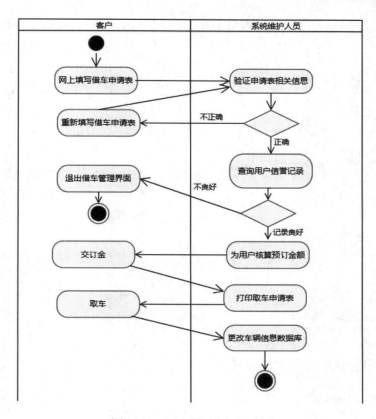

图 10.26　网上预订车辆活动图

活动图说明如下：

（1）网上填写借车申请表：用户在网上填写借车申请表。

（2）验证申请表相关信息：系统维护人员验证用户申请表相关信息。

（3）重新填写借车申请表：如果填写错误，则用户重新填写借车申请表。

（4）查询用户信誉记录：系统维护人员查询用户借车信誉记录。

（5）退出借车管理界面：如果用户借车记录不良好，则退出借车管理界面。

（6）为用户核算预订金额：如果用户借车记录良好，为用户核算预订金额。

（7）交订金：用户借车交订金。

（8）打印取车申请表：系统维护人员打印取车申请表。

（9）取车：用户取出车辆。

（10）更改车辆信息数据库：系统维护人员更改车辆信息数据库。

5）还车申请活动图

还车时需要结余，具体活动如图 10.27 所示。

活动图说明如下：

（1）填写还车申请：用户填写还车申请。

（2）检验车辆使用情况及使用时间：系统维护人员检验车辆使用情况及使用时间。

（3）核实检验结果：用户核实检验结果，符合就结算钱款。

（4）结算钱款：系统维护人员结算钱款。

（5）付账：用户付款。

（6）还车：用户还车。

（7）更改车辆信息数据库：系统维护人员更改车辆信息数据库。

图 10.27　还车申请活动图

10.6.3　与系统维护人员有关的活动图

1）系统维护人员管理员工信息活动图

管理员工信息即对员工信息进行查询和变更，具体活动如图 10.28 所示。

图 10.28　系统维护人员管理员工信息活动图

活动图说明如下：

（1）登录系统：用户登录系统。

（2）填写待管理员工信息表：以表的形式填写待管理员工的信息。

（3）查询需管理员工的相关信息：查询当前待管理员工在数据库中的相关信息。

（4）校验需更新员工信息：验证需要更新的员工信息是否正确。

（5）录入更新员工相应信息：如果验证通过，则录入更新员工的信息。

（6）重新填写更新员工信息：如果验证不通过，则提示重新填写。

（7）保存更新后的员工信息：录入后保存员工的信息。

（8）更新后的员工信息显示：更新员工信息时，系统进行提示。

2）系统维护人员管理用户信息活动图

系统维护人员可以对员工信息进行维护，具体活动如图 10.29 所示。

图 10.29　系统维护人员管理用户信息活动图

活动图说明如下：

（1）登录系统：系统维护人员登录系统。

（2）填写待管理用户信息表：系统维护人员填写管理用户信息表。

（3）查询：系统维护人员在数据库中查询信息。

（4）判断是否有不良记录：判断用户是否有不良记录。

（5）删除用户信息：判断用户有不良记录，则系统维护人员删除该用户信息。

（6）录入更新用户信息：判断用户没有不良信息，则系统维护人员录入更新用户信息。

（7）检验需更新用户信息：检验需更新用户信息。

（8）重新填写用户信息：检验不正确，系统维护人员重新填写用户信息。

（9）保存更新的用户信息：保存更新的用户信息。

（10）更新后的用户信息显示：显示更新后的用户信息。

3）系统维护人员管理系统活动图

对系统的管理即对数据库的更新，具体如图 10.30 所示。

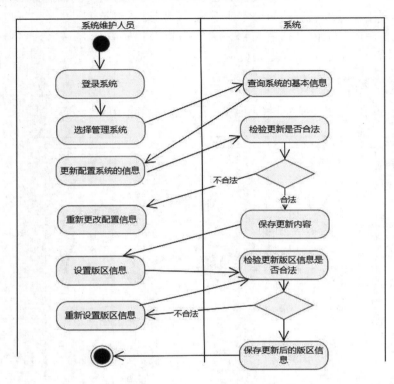

图 10.30　系统维护人员管理系统活动图

活动图说明如下：

（1）登录系统：系统维护人员登录系统。

（2）选择管理系统：系统维护人员选择管理系统。

（3）查询系统的基本信息：查询系统的基本信息。

（4）更新配置系统的信息：系统维护人员更新配置系统的信息。

（5）检验更新是否合法：系统检验更新是否合法。

（6）重新更改配置信息：检验更新是不合法的，则系统重新更改配置信息。

（7）保存更新内容：检验更新是合法的，则系统保存更新内容。

（8）设置版区信息：系统维护人员设置版区信息。

（9）检验更新版区信息是否合法：系统检验更新版区信息是否合法。

（10）重新设置版区信息：检验更新版区信息不合法，则系统维护人员重新设置版区信息。

（11）保存更新后的版区信息：系统保存更新后的版区信息。

4）催缴钱款活动图

系统维护人员对欠款的客户进行催缴，具体活动如图 10.31 所示。

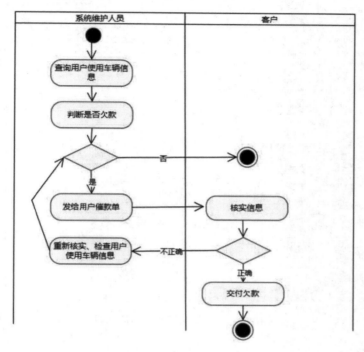

图 10.31　催缴钱款活动图

活动图说明如下：

（1）查询用户使用车辆情况：系统维护人员查询用户使用车辆情况。

（2）判断是否欠款：系统维护人员判断用户是否欠款。

（3）发给用户催款单：如果欠款，则发给用户催款单。

（4）核实信息：用户核实信息。

（5）重新核实、检查用户使用车辆信息：如果核实不正确，则重新核实、检查用户使用车辆信息。

（6）交付欠款：如果正确，则用户交付欠款。

10.6.4　与技术人员有关的活动图

与技术人员有关的活动图是技术人员管理车辆活动图,技术人员在管理之前需要核实车辆信息，具体活动如图 10.32 所示。

图 10.32　技术人员管理车辆活动图

活动图说明如下：

（1）登录系统：技术人员在此登录系统。

（2）填写车辆信息：技术人员登录后可以填写车辆信息。

（3）查询车辆：技术人员可以查询所需的车辆。

（4）核实车辆信息是否属实：技术人员根据实际车辆情况对系统中的车辆信息进行核实。

（5）更新车辆信息：如果实际情况与系统中的信息不符合，则根据实际情况更新车辆信息。

（6）记录更新车辆信息：系统会更新车辆信息，并记录车辆信息。

10.7　状态机图设计建模

根据本系统的功能可以分为以下 3 个状态机图：

1）客户在系统中可能出现的各种状态机图

客户需要注册信息才能登录系统进行借车和还车操作。登录后客户可进行车辆查询等操作，在还车时要进行结余。客户在系统中可能出现的各种状态机图具体如图 10.33 所示。

图 10.33　客户在系统中可能出现的各种状态机图

状态机图说明如下：

（1）注册客户：客户在登录系统以前，先要进行注册。

（2）浏览信息：客户注册失败后，进行信息浏览，以便发现信息错误并重新登录。

（2）登录系统：客户查询车辆前要登录系统。

（4）查询车辆信息：在预订车辆前对车辆进行查询。

（5）查询还车时间：客户在还车前要查询还车时间，以便在规定的时间内还车，方便员工进行车辆管理。

（6）预订车辆：客户借车前进行车辆预订。

（7）提取车辆：预订完车辆，并得到批准以后提取车辆。

（8）结余：还车以后进行结余。

（9）还车：客户还车。

2）技术人员在系统中可能出现的各种状态机图

技术人员登录系统后，可以对车辆信息进行查询、修改等操作，具体如图 10.34 所示。

图 10.34　技术人员在系统中可能出现的各种状态机图

状态机图说明如下：

（1）登录系统：技术人员进行车辆查询前，登录系统。
（2）查询车辆信息：在修改车辆前，对其进行查询。
（3）添加车辆信息：对车辆信息进行添加操作。
（4）修该车辆信息：对车辆信息进行修改操作。
（5）删除车辆信息： 对车辆信息进行删除操作。

3）系统维护人员在系统中可能出现的各种状态机图

系统维护人员登录系统后，进行员工信息管理、客户信息管理、系统界面设置以及用户级别设置等操作，具体如图 10.35 所示。

图 10.35 系统维护人员在系统中可能出现的各种状态机图

状态机图说明如下：

（1）登录系统：系统维护人员在进行管理以前先登录系统。
（2）管理客户信息：系统维护人员对客户信息进行管理。
（3）管理员工信息：系统维护人员对员工信息进行管理。
（4）管理系统信息：系统维护人员对系统信息进行管理。
（5）分配用户权限：给用户分配不同的权限，使系统维护人员更加方便地管理用户。
（6）催还车信息：客户不能及时还车时，员工可以查看需要催还的车辆的信息。
（7）注销用户：当客户不再需要系统服务时，需要注销。
（8）配置系统的基本信息：系统维护人员对系统的基本信息进行配置。
（9）设置版区：系统维护人员进行界面设置，使界面更加美观。

10.8 部署图设计建模

根据功能需要，汽车租赁系统在实际运行环境中有如下软件和硬件的参与：后台数据库、系统应用、客户服务平台、系统维护平台、技术人员平台。汽车租赁系统中的部署图如图 10.36 所示。

图 10.36　汽车租赁系统中的部署图

部署图说明如下：

（1）后台数据库：负责客户、员工和车辆数据的存储和管理。
（2）系统应用服务器：负责整个系统的总体协调工作。
（3）客户服务平台：负责处理客户来访、客户请求以及进行租赁交易。
（4）系统维护平台：负责对系统界面及员工信息进行管理。
（5）技术人员平台：负责查询和更新车辆信息。

第 11 章

新闻中心管理系统

为了能够更加迅速地向客户传递有关企业的新闻以及相关行业中最新的发展现状，以便于引导客户选择企业的相关产品和服务，一般在商务系统开发中都会设置相应的新闻中心模块，新闻中心模块可以为客户提供最新资讯。UML 作为一种强大的图形化建模语言，可以在新闻中心管理系统开发过程中充分体现其强大的功能和使用灵活性。

本章要点

- 理解 UML 在需求中的作用。
- 掌握新闻中心管理系统的 UML 建模和开发过程。

11.1　系统需求说明

11.1.1　新闻中心管理系统的需求分析

新闻中心管理系统的主要目标是实现企业网站实时新闻的动态显示及管理。

一个典型的新闻中心管理系统需要提供良好的维护页面，即中心管理人员可以借助后台维护管理的页面实现对新闻的更新与维护。从其前台功能上来看，包括新闻标题分类显示（热点新闻和行内新闻）、新闻详细内容显示等要求。同时，也应该为新闻中心后台管理的管理员提供对应的新闻信息维护及管理的功能，其中包括添加新的新闻、编辑修改新闻、删除新闻等功能。

1．新闻标题信息分类显示

打开新闻中心主页，页面上应该能够根据数据库中存放的信息分类显示最新的新闻标题。本系统的新闻类型分为两类，一类是热点新闻，另一类是行业新闻。在热点新闻和行业新闻中都显示最新的标题信息，每个新闻标题都有对应的超链接，用户单击这个新闻标题链接后，就可以跳转到有关该新闻详细内容的页面上，让用户对这个新闻有更加详细的了解。

2．新闻详细内容及相关新闻列表显示

用户单击感兴趣的新闻标题后，可以查看到该新闻的详细内容，并且同时提供与该新闻相关的新闻标题信息的显示，以便于用户查询与该新闻相关的其他信息。

3．新闻中心后台管理功能

新闻中心的管理员可以根据企业的需求随时对后台数据库进行增、删、改等操作。例如，管理员可以在数据库中添加最新的新闻标题及相关内容，还可以删除某些过时的新闻标题及内容，以及对一些原有新闻做必要的修改。

11.1.2　新闻中心管理系统的功能模块

图 11.1 显示了新闻中心管理系统的功能，它包括两大模块：信息浏览模块和后台管理模块。

图 11.1　系统功能模块

两大模块说明如下：

- 信息浏览模块主要完成新闻分类标题的显示，能够让用户一目了然、迅速地浏览自己感兴趣的新闻标题，并且能够查看详细新闻内容。
- 后台管理模块主要实现新闻内容的添加、修改、删除功能。

1．信息浏览模块

信息浏览模块主要包括了新闻分类显示、详细新闻内容显示以及相关新闻列表显示，如图 11.2 所示。

图 11.2　信息浏览模块

1）新闻标题分类显示

该模块实现了新闻标题内容的分类显示，例如，将所有新闻分为热点新闻和行业新闻等类别，在新闻中心主页分类显示最近新闻的各个标题，以便于用户选择感兴趣的新闻进行阅读。

2）详细新闻内容显示

依据用户所选择的新闻标题显示对应新闻的详细内容。

3）相关新闻列表显示

相关新闻列表显示负责在具体新闻内容显示的同时提供其他新闻标题列表的显示功能。

2. 后台管理模块

后台管理模块包含新闻的添加、修改和删除，即新闻的增、删、改功能，如图 11.3 所示。

图 11.3　后台管理模块

1）添加新闻

添加新闻模块主要负责将新的新闻添加到新闻中心。

2）修改新闻

修改新闻主要负责对现有新闻内容进行修改。

3）删除新闻

删除新闻负责删除新闻中心中相对过时的新闻。

11.1.3　UML 对系统需求分析的支持

UML 作为一种强大的图形化建模语言，是理想的需求描述和建模分析工具。

1）提供有力的工具和灵活的机制，为控制需求提供强有力的手段

UML 的用例视图可以表示客户的需求。通过用例建模可以对外部的角色以及它们所需要的系统功能建模。角色和用例是通过它们之间的关系、通信来建立模型的。每个用例都指定了客户的需求：需要系统干什么。活动图可以清楚地表示业务的具体操作过程。总之，UML 提供了形象的图形模型工具，方便用户和领域专家参与到需求分析的整个过程中，使需求分析更加充分。另外，UML 是基于面向对象的思想而产生和发展起来的，在适应需求的变化方面有较好的弹性，它的封装机制使开发人员可以把最稳定的部分（即对象）作为构筑系统的基本单位，而把容易发生变化的部分（即属性和服务）封装在对象之内，对象之间通过接口联系，使需求变化的影响尽可能地限制在对象的内部。

2）提供统一的平台，解决人员交流、通信障碍问题

信息系统开发是一项创造性的思维活动，在系统开发过程中人员的交流十分频繁。系统开发项目的有关人员包括用户、领域专家、系统分析员、系统设计员、程序员、测试员、项目管理员等。他们需要经常交流，探讨系统的需求，明确系统成分的定义，协商系统的结构与衔接，进行工作的交接。在上述事物中，通信障碍已经成为人员交流中的一个问题。例如，用户、领域专家或项目管理员看不懂、不明白系统开发人员表达问题的概念、术语、表示法，反之亦然。因此，需要有一套通用的思维方法和便于交流的"语言"，包括系统的模型、术语、表示法、文档书写格式等，为人员之间的交流架设一座桥梁。UML 只定义了一些视图，它的思想与方法无关。人们可以采用各种方法使用 UML，而无论方法如何变化，他们的基础都是 UML 的图，这也是 UML 的最终用途——为不同领域的人们提供统一的交流标准。无论分析、设计和开发人员采取何种不同的方法或过程，他们递交的设计产品都使用 UML 来描述，这有利于促进相互的理解。所以说 UML 能够成为人员之间交流的一座桥梁，能够解决沟通障碍问题。

11.1.4　利用 UML 模型构造软件体系结构

大型系统总是被分解成一些子系统，这些子系统提供一些相关的服务。初始设计过程的任务是要识别出这些子系统并建立起子系统控制和通信的框架，这个过程叫作体系结构设计，其输出是软件体系结构的描述。

随着软件系统的复杂度和规模的增加，整个系统结构的说明和设计显得更为重要。软件体系结构在较高层次将系统定义为一组交互的组件和连接，包括系统各组件的组织、全局控制结构、通信的协议、设计元素的功能、物理分布等。体系结构的设计过程主要关心的是为系统建立一个基本构架，识别出系统的主要组件以及这些组件之间的通信。UML 定义了一组丰富的

模型元素，包括建模组件、接口、关系和约束等。

对于每种体系结构的构造，在 UML 中都可以找到相应的元素与之对应。因此，可以把 UML 看作一种体系结构建模语言。

11.2　系统的用例图

用例图从用户角度描述系统功能，是用户所能观察到的系统功能的模型图。用例是系统中的一个功能单元。用例图作为参与者中的外部用户所能观察的系统功能的模型图，在需求分析阶段起着重要的作用，整个开发过程都是围绕需求阶段的用例进行的。

创建用例图之前需要确定系统的参与者。只需要了解该系统的主要功能是什么，谁需要该系统的支持以完成其工作，谁将需要安装、维护、管理该系统，以及保持该系统处于哪种工作状态，这些问题明确了，参与者也就确定了。

1. 系统管理员

在新闻中心管理系统中，需要一个专门的管理人员对网站进行日常的管理。其主要的功能就是对后台数据库进行增、删、改操作。

2. 一般浏览者（用户）

在新闻中心管理系统中，客户端只提供给上网客户浏览的功能，不需要其他特殊功能，所以对用户没有什么特殊要求。

在本系统的 UML 建模中，可以创建两个参与者：Administrator（管理员）和 User（普通用户），如图 11.4 所示。

有了系统的参与者，就可以为本系统创建用例。因为系统对新闻具有增加、删除、修改、查询功能，所以创建的用例如图 11.5 所示。

图 11.4　系统的参与者　　　　　图 11.5　创建系统的用例

1）系统管理员管理新闻用例图

系统管理员管理新闻的用例图如图 11.6 所示。

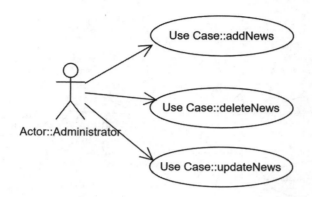

图 11.6　系统管理员管理新闻的用例图

系统管理员管理新闻的用例图分析如下：

● 系统管理员可以添加新闻。
● 系统管理员可以删除新闻。
● 系统管理员可以修改新闻。

2）浏览者浏览新闻的用例图

浏览者浏览新闻的用例图如图 11.7 所示。

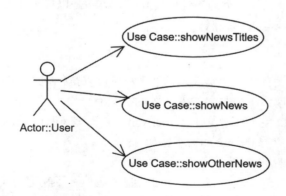

图 11.7　浏览者浏览新闻的用例图

浏览者浏览新闻的用例图分析如下：

● 浏览者浏览新闻标题。
● 浏览者浏览相关新闻内容。
● 浏览者浏览新闻分类。

3）系统用例图

将管理员新闻管理和普通用户浏览新闻的用例图放在一起，得到系统总用例图，如图 11.8 所示。

图 11.8　系统用例图

11.3　系统的类图

类图描述系统中类的静态结构，不仅定义系统中的类，表示类之间的联系，如关联、依赖、聚合等，也包括类的内部结构（类的属性和操作）。类图是以类为中心来组织的，类图中的其他元素或属于某个类，或与类相关联。

1. 类图的生成

对于新闻的浏览者没有什么特殊要求，也就是说可以是任何人，因此这里只考虑系统管理员，那么该新闻中心管理系统中与参与者相关的类只有一个，即 Admin 类。Admin 类是管理员类，该类中包含两个属性（管理员姓名 userName 和管理员密码 passWord）和三个操作（输入信息 input、设置用户名 setName 和设置密码 setPass）。

Admin 类的类图如图 11.9 所示。

除了与参与者相关的管理员类以外，在该系统中还涉及了其他的类，比如基本新闻信息的类（News）、新闻的增删改类（NewsAction）、实现增删改的类（NewsService）、管理员登录后台类（AdminLoginAction）、连接数据库的类（SqlServer）。

1）News 类

表示基本新闻信息的类，包含的属性有新闻编号（id）、新闻标题（title）、新闻内容（content）、新闻发布者（author）、新闻发布时间（time）、新闻关键字（keyWords）、新闻类别（type）。

News 类的类图如图 11.10 所示。

```
                    News
          -id: int
          -title: String
          -content: String
          -author: String
          -time: Date
          -keyWords: String
          -type: String

          +getNid()
          +setNid(id: int)
          +setTitle(title: String)
          +getTitle()
          +setContent(content :
          String)
          +getContent()
          +setAuthor(author: String)
          +getAuthor()
          +setTime(time: Date)
          +getTime()
          +setKeyword(pass: String)
          +getKeyword()
          +setType(type: String)
          +getType()
          +showNews()
          +linkNews()
```

```
              Admin
    -userName: String
    -passWord: String

    +input()
    +setName(name: String)
    +setPass(pass: String)
```

图 11.9　Admin 类图　　　　　　图 11.10　News 类图

2）NewsAction 类

表示新闻的增、删、改操作的类，主要提供了业务逻辑的方法。

NewsAction 类的类图如图 11.11 所示。

```
            NewsAction


    +deletNews()
    +getSysTime()
    +addNews()
    +getNTime()
    +updateTime()
    +getNews()
    +getAllNews()
    +checkUp()
```

图 11.11　NewsAction 类图

3）NewsService 类

表示实现增、删、改的类，同时提供了前台获得新闻列表的方法，该类执行具体的业务逻辑。

NewsService 类的类图如图 11.12 所示。

```
              NewsService

         +checkUp()
         +getNews()
         +getDetailedNews()
         +addNews()
         +deleteNews()
         +updateNews()
         +getAllNews()
```

图 11.12　NewsService 类图

4）AdminLoginAction 类

表示管理员登录后台系统时的类，包含的属性有登录用户名（userName）和登录密码（passWord）。

AdminLoginAction 类的类图如图 11.13 所示。

```
           AdminLoginAction

        -userName: String
        -passWord: String

        +addNews()
        +deleteNews()
        +updateNews()
        +execute()
```

图 11.13　AdminLoginAction 类图

5）SqlServer 类

表示连接数据库的类，包含一个日志属性。
SqlServer 类的类图如图 11.14 所示。

```
              SqlServer

        -log: Logger

        +SqlServer()
        +displayDelConn()
        +displayAddConn()
        +displayUpdateConn()
        +connSuccess()
```

图 11.14　SqlServer 类图

2. 类之间的关系

系统中各类之间的关系如图 11.15 所示。

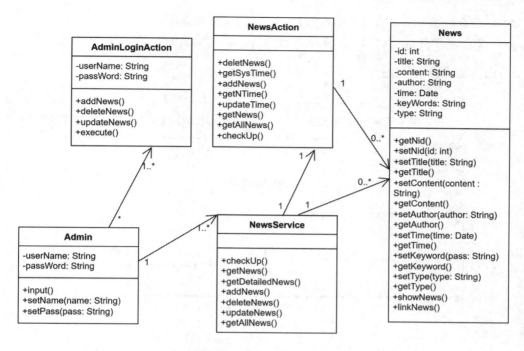

图 11.15　类之间的关系

　　管理员可以对多个新闻进行操作，所以 Admin 和 NewsService 之间应该是一对多的关系；一种类别的新闻只能对应一种新闻服务，所以 NewsAction 和 NewsService 之间是一对一的关系。

11.4　系统的顺序图

　　针对新闻中心管理系统的需求及用例，该系统的顺序图主要包括以下 4 个：

● 　系统管理员添加新闻的顺序图。
● 　系统管理员修改新闻的顺序图。
● 　系统管理员删除新闻的顺序图。
● 　一般浏览者上网浏览新闻的顺序图。

1. 添加新闻顺序图

　　在系统管理员添加新闻时，顺序图中涉及 3 个对象，即登录、添加新闻和数据库模块。具体场景是：

（1）管理员输入用户名和密码进行登录。
（2）登录成功后提交添加新闻的请求。
（3）添加新闻对象提示登录者输入添加新闻列表。
（4）登录者输入要添加的新闻内容。

（5）添加新闻对象会将输入的内容列表进行提交给数据库。

（6）数据库添加成功后会返回给输入者（管理员）成功的信息。

添加新闻的顺序图如图 11.16 所示。

图 11.16　添加新闻顺序图

注意，图 11.16 中对象前显示的"admin"是创建的包名。

2. 删除新闻顺序图

系统管理员删除新闻的顺序图如图 11.17 所示。

图 11.17　删除新闻顺序图

3. 修改新闻顺序图

系统管理员修改新闻与添加新闻类似，顺序图中涉及 3 个对象，即登录、修改新闻和数据库模块。具体场景也与添加新闻类似，不再赘述。

系统管理员修改新闻的顺序图如图 11.18 所示。

图 11.18 修改新闻顺序图

4. 普通用户浏览新闻顺序图

一般用户上网浏览新闻的顺序图如图 11.19 所示。图中对象前显示的"user"是创建的包名。

图 11.19 一般用户上网浏览新闻顺序图

11.5 系统的通信图

UML 提供两类交互图：顺序图和通信图。它们实现一个用例或用例中的一个特殊场景。

通信图与顺序图都显示了对象间的动态合作关系。不过除显示信息交换外，通信图还显示对象以及它们之间的关系。

根据 11.4 节中给出的顺序图，在本节中给出相应的通信图。

1. 添加新闻通信图

系统管理员添加新闻的通信图如图 11.20 所示。

图 11.20　添加新闻通信图

2. 删除新闻通信图

系统管理员删除新闻的通信图如图 11.21 所示。

图 11.21　删除新闻通信图

3. 修改新闻通信图

系统管理员修改新闻的通信图如图 11.22 所示。

图 11.22　修改新闻通信图

4. 普通用户浏览新闻通信图

普通用户上网浏览新闻的通信图如图 11.23 所示。

图 11.23　普通用户上网浏览新闻通信图

11.6　系统的状态机图

状态机图是一个类对象可能经历的所有过程的模型图。状态机图由对象的各个状态和连接这些状态的转换组成。

针对新闻中心管理系统的需求分析，在系统后台管理中，主要有添加新闻、修改新闻以及删除新闻 3 种状态。根据 UML 状态机图的建模方法，本节主要介绍这 3 种状态机图的实现。

1. 添加新闻状态机图

系统管理员在后台可以对新闻进行添加操作，添加新闻的状态机图如图 11.24 所示。

图 11.24　添加新闻的状态机图

2. 修改新闻状态机图

系统管理员修改新闻的状态机图如图 11.25 所示。

图 11.25　修改新闻的状态机图

3. 删除新闻状态机图

系统管理员删除新闻的状态机图如图 11.26 所示。

图 11.26　删除新闻的状态机图

11.7　系统的活动图

活动图是状态机图的一个变体，用来描述执行算法的工作流程中涉及的活动。活动图描述了一组或顺序的或并发的活动。

在新闻中心管理系统中，活动有两个：一个是前台普通上网用户浏览信息，另一个是后台系统管理员管理新闻信息。

1. 前台信息浏览活动图

普通用户对新闻中心进行浏览，前台信息浏览活动图如图 11.27 所示。

2. 后台管理活动图

系统管理员在新闻中心后台进行增、删、改的操作，后台管理活动图如图 11.28 所示。

图 11.27　新闻中心前台信息浏览活动图　　　　图 11.28　新闻中心后台管理活动图

11.8　系统的配置和实现

新闻中心管理系统的组件图如图 11.29 所示。组成 Web 应用程序页面包括前台浏览页面、后台管理页面、添加新闻页面、修改新闻页面、删除新闻页面，以及登录页面。

图 11.29　系统的组件图

11.9　系统的部署图

新闻中心管理系统的部署图如图 11.30 所示。

图 11.30　系统的部署图

第12章

BBS 论坛系统

本章导读

随着 Internet 技术的快速发展，人与人之间的交流方式逐渐增多。网络视频、网络聊天、博客已成为人们彼此沟通、交流信息的主要方式。此外，为了方便人们在某一专业领域探讨问题和发表意见，Internet 上还出现了在线论坛。在论坛上，人们可以发表自己遇到的问题，即发表某一主题，随后，论坛上的其他人会根据自己的学识、经验发表意见或提出解决问题的方法。

开发 BBS 论坛系统的目的是提供一个供用户交流的平台，为广大用户提供交流经验、探讨问题的网上社区。因此，BBS 论坛系统最基本的功能首先是发表主题，其次是其他人员根据主题发表自己的看法。此外，为了记录主题的发表者和主题的回复者信息，系统还需要提供用户注册和登录的功能。只有注册的用户登录后才能够发表和回复主题，浏览者（游客）只能浏览主题信息。

本章要点

- 理解 BBS 论坛系统的 UML 建模过程。
- 掌握如何利用 UML 进行系统建模。

12.1 BBS 论坛系统的需求分析

系统的需求分析是软件开发过程中不可缺少的，而且是非常重要的一部分，尤其在对某个系统进行 UML 建模之前，明确系统的需求至关重要。

12.1.1 系统的功能需求

随着网络的快速发展，网上交流已经成为现代人生活中的重要组成部分。通过网上交流，大家可以针对一个问题发表自己的见解，同时通过浏览别人的不同见解来拓宽自己的知识面。网上交流让问题变得更有广度、深度，而不仅仅局限于一个方面，反映了当代人的思想变化以及精神追求。在这种条件下，BBS 论坛应运而生。

BBS 论坛主要用来在网上交流意见，有人提出一个问题或者见解，其他人可以针对这个问题不同的方面提出自己的想法并发表自己的见解。但是，为了保证论坛的安全性，不是任何人都可以发表帖子和回复帖子的，必须以会员的身份登录到系统后才能发表、回复帖子。因此，BBS 论坛将用户划分为 4 类人：普通游客（非会员）、普通会员、版主和管理人员。

一个 BBS 论坛系统的操作流程大致可以分为：用户通过论坛的网页进入论坛，一般情况下为游客身份，有时需要注册为会员，登录论坛后可以就某个话题（帖子的主题）进行讨论。在论坛上，可以通过发帖功能发布新的话题，通过回帖功能对已经存在的话题进行回复，通过搜索功能可以查找所关心的话题。而论坛的管理员通过管理功能创建、编辑和删除论坛的某个版块，以及对注册为论坛会员的用户进行管理；此外，还要对用户所发的帖子进行管理。根据上述的操作流程以及管理员需要的功能，BBS 论坛系统的功能可分为以下模块：

1）会员注册

BBS 论坛系统要提供新会员注册功能，在注册页面用户可以录入自己的基本信息；提供检查注册信息的有效性的功能；将新注册的会员的基本信息保存在数据库相应的数据表中。

2）会员登录

BBS 论坛系统为会员提供登录功能。会员在界面上输入其用户名和密码，系统对用户名的正确性和有效性以及密码进行检查，如果是系统中合法的用户，则可以登录系统进行相应的操作（用户登录后可以发表帖子、浏览帖子、回复帖子、修改个人信息）；否则提示用户身份不合法。

3）发表帖子

针对会员提供发表文章的功能。未注册的用户，即游客不允许使用该功能。

4）回复帖子

注册为论坛的会员可以对某一话题展开讨论，发表自己的意见，并给出回复。

5）浏览帖子

对注册为系统的会员和未注册的用户会员（即游客）均提供文章查询以及阅读帖子的功能；针对文章标题信息，可以进行检索、查看文章的详细内容及回复文章的超链接。

6）会员管理

当注册成会员后，系统会把会员的相应资料添加到数据库中，包括会员的 ID、会员名称、会员密码、会员的电子邮箱等相关信息资料。同时，根据会员的不同身份，可以将特殊会员设置为版主，使其具有特殊操作的权利，如删除本讨论区的文章。管理员可以根据数据库中注册的特殊身份登录到论坛对会员信息进行管理。管理员具有最高的权限，可以删除会员、回收会员号、修改会员的积分和排行等。

7）版块管理

针对不同的讨论内容，管理员可以将整个讨论区划分成不同的版块，会员可以选择进入不同的版块；同时系统提供不同版块中文章数量等的相关统计功能。管理员可以对版块进行分类、添加或修改。

- 版块分类：主要用于当有新主题的帖子时，为其创建一个与之匹配的版块，并将其移至版块内；在系统初期要设置新的版块，将已经存在的帖子进行分类并送到对应的版块中。
- 添加版块：主要是为了对系统进行扩展，其中不包含将帖子移至新版块内，因为系统可能还没有出现和该版块匹配的帖子。
- 修改版块信息：管理员可以设置一个精华版块，在其中存放一些精华帖，以满足用户的需求。管理员也可以暂时关闭某个版块对其进行修整等。

8）帖子管理

系统的管理员和版主都可以对会员发表的帖子进行转移、置顶和删除，设置精华帖，控制帖子的点击率等操作。

版主可以把不健康的帖子或者没有意义的帖子放进垃圾箱，同时在垃圾箱中提供彻底删除帖子、恢复帖子、清空等操作；版主可以推荐好的帖子，将这些帖子置顶；版主有监督会员的权利和义务，也就是版主可以强制性地向会员提出要求；此外，版主可以根据会员的回帖次数以及帖子的浏览次数，将一些帖子集中起来，设置为热门帖，这样能够更明显地显示大家关注的事件或者主题，这点也体现了系统的时代性。

版主将一些帖子添加置顶标记，为的是方便一些不想回复或者没有时间回复帖子的会员以及未注册用户简单表达自己的意见，哪怕只是顶一下帖子参与一下；还可以设置精华帖，向用户提供帖子最新动态等功能。

同时，版主还可以向管理员申请放弃版主身份。

9）建议箱管理

建议箱管理主要由管理员负责。管理员可以提出建议、修改建议和删除建议，即管理员权限较高，可以删除系统中的建议，同时可以向会员和版主提出建议，也可以对自己提出的建议进行修改。

10）新手手册

新手手册也是由管理员负责。对于首次进入 BBS 论坛的游客，可以通过查看新手手册来了解系统的功能和应用。手册中的内容也是由管理员负责给出的。

根据上述的功能需求分析，可以确定系统总体功能模块如图 12.1 所示。

图 12.1 系统总体功能模块图

系统总体功能模块共分为两大部分，即前台功能模块和后台功能模块。其中，根据参与者的身份又把前台功能分为普通游客和普通会员的功能，后台功能分为版主和管理员的功能。

12.1.2 前台功能模块

用户访问论坛首页后，可以进行查看版面下的跟帖信息、查看自己发表的帖子、查看精华帖子、搜索帖子、查看跟帖信息、用户注册等操作。用户在此 BBS 论坛中通过注册成为该网站的会员并成功登录系统后，可进行发表帖子、回复帖子、查看自己发表的帖子等操作。前台功能模块分为普通游客功能和普通会员功能模块。

1. 普通游客功能模块

普通游客功能模块可以进行如图 12.2 所示的操作。

图 12.2 普通游客功能模块

普通游客功能模块分析如下：

1）在线注册

系统在主界面提供了新会员在线注册功能。如果想成为系统的会员，用户在主界面单击"注册新会员"按钮，填写信息即可。

2）查看新手手册

游客进入论坛后，可以通过查看新手手册的功能，以最快的速度了解论坛的功能以及操作步骤等。

3）建议箱

普通游客可以通过建议箱功能向普通会员、版主和管理员提建议，同时可以在建议箱中查看管理员和版主向会员以及游客提出的建议。

4）浏览帖子

普通游客可以在系统主界面上浏览帖子，获得基本的信息。

5）推荐帖子

普通游客是未注册的用户，因此，普通游客不可以向指定的人推荐帖子，只能向所有的会员进行推荐。

6）查看系统最新动态

普通游客有权利了解论坛的最新动态，比如新发表的帖子、新话题、版主更换等。

2. 普通会员功能模块

普通会员功能模块可以进行如图 12.3 所示的操作。

图 12.3　普通会员功能模块

普通会员功能模块分析如下：

（1）会员登录：登录成功后才能操作系统提供的功能。

（2）发表、回复、浏览帖子：会员登录成功后可以发表帖子、回复帖子和浏览帖子。

（3）收藏帖子：会员可以收藏自己喜欢的帖子，以便后来阅读。

（4）添加好友：会员可以添加其他会员成为自己的好友，和好友分享自己发表、回复的帖子，还可以邀请好友欣赏自己收藏的帖子等。

（5）申请成为版主：只要会员升级到一定级数，就可以申请成为版主。

（6）建议箱：会员可以查看管理员提出的建议，同时也可以向管理员提出建议。

12.1.3　后台功能模块

若用户的权限为版主或管理员，则可进入后台进行论坛类别的管理、版面管理和用户管理等操作。后台功能模块分为版主功能模块和管理员模块。

1. 版主功能模块

版主功能模块如图 12.4 所示。

图 12.4　版主功能模块图

版主功能模块分析如下：

（1）版主登录：登录成功后才能进入某版块的后台，管理该版块内的帖子。

（2）置顶帖子、设置热门帖子、设置精华帖：版主登录成功后可以进行将帖子置顶、设置热门帖子和精华帖等操作。

（3）垃圾箱：可以把帖子拖进垃圾箱，也可以把帖子回收和彻底删除。

（4）发起征帖：版主可以针对某热门话题或者有争议性的话题向所有的会员发起征帖。

（5）发出辞职请求：版主可以向管理员申请辞去版主职务。

2. 管理员功能模块

管理员可以进行登录、版块管理、会员管理、建议箱管理、新手手册管理等操作。管理员功能模块如图 12.5 所示。

图 12.5　管理员功能模块图

1）版块管理功能模块

版块管理功能模块如图 12.6 所示。

图 12.6　版块管理功能细化图

版块管理功能模块分析如下：

（1）划分版块：管理员可以将论坛根据主题的不同进行版块分类，每个版块分别设置不同的版块号和主题。

（2）修改版块：可以修改主题等信息。

（3）添加版块：管理页可以根据用户的需求适当添加一些新的版块，以满足用户需求，同时可以添加精华版块。

（4）删除版块：可以删除一些版块。

（5）关闭版块：可以暂时关闭版块。

（6）设置版主：每个版块都需要由版主来管理，为版主设置版主账号等信息。

（7）回复版主辞职请求：回复版主发送的辞职请求。

2）会员管理功能模块

会员管理功能模块如图 12.7 所示。

图 12.7　会员管理功能模块细化图

会员管理功能模块分析如下：

（1）删除会员：删除一些不合格的会员。

（2）限制会员活动：如果一些会员对系统进行攻击、破坏或者发表一些不健康的帖子，管理员可以根据事情的轻重对会员的一些活动限制。

（3）添加会员：可以添加新会员。

（4）修改会员信息：可以修改会员的基本信息。

（5）设置会员升级：由系统自动记录会员的登录时间、登录次数，当达到升级要求时，系统自动完成会员升级。

（6）回复会员请求：对会员提出的请求进行回复。

（7）发出版主请求：如果该会员同意，则记录信息，以方便设置版主。

3）建议箱管理功能模块

建议箱管理功能模块如图 12.8 所示。

图 12.8　建议箱管理功能模块细化图

建议箱管理功能模块分析如下：

（1）提出建议：管理员可以通过建议箱分别向游客、会员和版主提出建议。

（2）删除建议：删除自己的建议。

（3）更新建议：更新自己提出的建议。

（4）查看建设：查看自己提出的建议。

（5）征求意见：管理员可以针对某项活动征求用户的意见。

12.2　BBS 论坛系统的 UML 建模

根据 12.1 节对 BBS 论坛系统的需求分析，以及对系统的功能模块的划分，本节利用 UML 模型来表示 BBS 论坛系统。

12.2.1　BBS 论坛系统的用例图

用例图是指作为外部参与者能看到的系统的功能模型的描述。整个系统的开发都将围绕用例模型来实现。针对 BBS 系统，主要的任务就是要明确系统的功能是为哪些用户服务，即什么样的用户需要利用 BBS 系统来完成工作，此外还需要确定系统的管理者和维护人员。

1. 明确参与者（角色）

根据 12.1 节的功能分析，可以得出系统的参与者共有 4 种：普通游客、会员、版主和管理员。

2. 普通游客功能用例图

普通游客功能模块的用例图如图 12.9 所示。

图 12.9　普通游客功能模块的用例图

普通游客功能的主要用例分析如下：

（1）注册会员：普通游客通过注册成为会员。注册成功后可以修改个人信息、在线注销会员身份等。

（2）浏览帖子：普通游客可以进入系统主界面，选择自己想要浏览的帖子。

（3）查看新手手册：普通游客如果首次进入论坛，可以根据新手手册快速地了解该论坛的操作步骤、功能等各方面的情况。

（4）查看系统最新动态：普通游客进入主界面可以了解论坛的最新动态，如新发表帖子、新话题、管理员更新的新手手册、版主更换等。

（5）建议箱：游客根据自己的需求可以向版主、管理员提出自己的建议，同时可以在建议箱中查看管理员和版主向会员、游客提出的建议。

（6）向所有人推荐：普通游客可以将自己浏览后认为比较好的帖子向所有人推荐，并写出推荐的理由。

3. 会员功能用例图

会员功能模块的用例图如图 12.10 所示。

图 12.10　会员功能模块的用例图

会员功能模块的主要用例分析如下：

（1）发表、浏览和回复帖子：会员可以发表、浏览和回复帖子。

（2）收藏帖子：会员可以选择将帖子收藏起来，也就是会员具有收藏帖子的功能。

（3）申请成为版主：会员可以向管理员发出成为版主的请求。

（4）添加好友：会员可以选择添加好友，以及与好友讨论某个帖子。

4. 版主功能用例图

版主功能的用例图如图 12.11 所示。

图 12.11 版主功能的用例图

版主功能的主要用例分析如下：

（1）管理垃圾箱：对于垃圾箱中的帖子，可以清空，也可以恢复其中被错误删除的帖子。

（2）置顶帖子：在普通游客发表的帖子中，选择特别突出的进行置顶标志，以便其他游客浏览。

（3）设置热门帖：将这一时段比较热门的话题进行标记，从而引起更多游客的关注，使更多的游客参与进来。

（4）设精华帖：在众多帖子中选出精华的帖子进行标记。

（5）设置板块主题语：能够使游客更加清楚这一板块的主题。

（6）征帖：主要目的是让更多游客参与讨论。

（7）发出请求：请求更换版主或向另一版主请求移动帖子，也就是将一帖子由一板块移至另一板块。

5. 管理员功能用例图

管理员功能的用例图如图 12.12 所示。

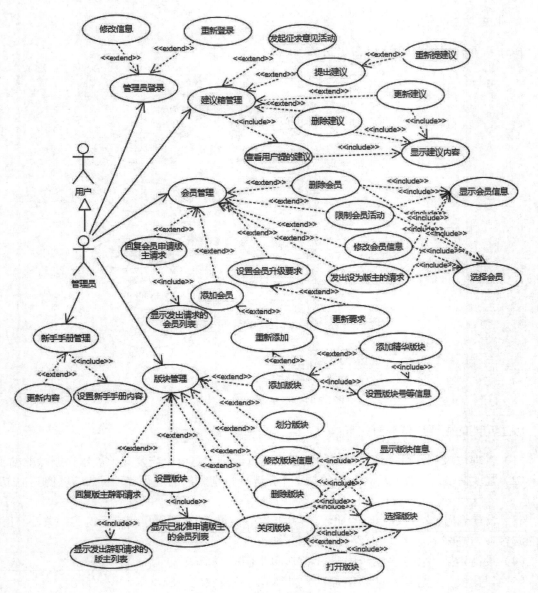

图 12.12　管理员功能的用例图

管理员功能的主要用例分析如下：

（1）修改版块信息：管理员可以修改版块的名称、主题等信息，可以让版块更人性化或者更美观。此外，版主还可以删除一些不必要的信息。

（2）删除版块：管理员可以把一些没有必要的版块删除。例如，很少有会员对某一个版块主题发表帖子，对于这样的版块就可以删除，以减少系统的开销。

（3）划分版块：进入论坛的会员发表的意见种类很多，加以区分，可以让论坛有条理。

（4）添加版块：根据论坛的点击次数，可以适当添加一些版块，让论坛的讨论范围更加广泛。例如，精华帖的数量很多，可以针对精华帖设置一个单独的版块。

（5）添加会员：管理员可以将一些特殊用户设置成会员。

（6）修改会员信息：管理员根据会员发帖、回复帖子或者浏览帖子的动态信息，修改会员的一些记录，或者可以根据某些会员的请求修改该会员信息。

（7）删除会员：管理员具有删除会员的权利。管理员可以把最近有不良记录的会员进行删除，保持论坛的健康性。

（8）设置版主：根据不同的版块设置版主。管理员选择特殊会员设置为版主，并分配版主ID。

（9）会员升级要求：管理员给出会员升级的要求。例如，会员发帖数达到 20，就可以进行升级等。系统自动记录会员发帖、回帖数，当数目达到指定数时，系统自动完成会员升级。

（10）提出和查看建议：管理员向版主、会员和游客提出和查看建议。

12.2.2 BBS 论坛系统的顺序图

1. 普通游客功能顺序图

1）会员注册

会员注册操作主要涉及游客、注册界面以及后台数据库 3 个对象。普通游客在注册会员页面申请注册为会员，注册会员将申请的会员账号提交给数据库后，数据库对其进行相应的处理。成为会员后可以根据需要进行修改个人信息、在线注销等操作，将相关信息提交给后台数据库后，数据库会对其进行相应的处理。

会员注册的事件流如表 12.1 所示。

表 12.1　会员注册的事件流

内　　容	说　　明
用例编号	PTYK1
用例名称	注册为会员
用例说明	普通游客登录系统后注册会员
参与者	普通游客
前置条件	普通游客进入注册会员页面
后置条件	普通游客提交的信息与后台系统数据库表中保存的信息一致
基本路径	普通游客单击注册按钮申请会员账号 经过数据库管理的检测，显示检测成功 普通游客输入会员号，单击"提交"按钮 界面显示申请成功
扩展路径	根据个人意愿修改个人信息后，单击保存信息按钮，系统显示修改成功。 退出在线状态，单击在线注销按钮，进入此界面单击保存信息按钮，系统返回注册界面
注释	

根据表 12.1 所示的事件流画出会员注册的顺序图，如图 12.13 所示。

图 12.13 会员注册的顺序图

2）建议箱

普通游客在建议箱页面向版主或管理员提出建议，数据库检测版主或管理员账户是否存在，并将检测结果（成功）返回给普通游客。普通游客根据提示输入建议信息，并提交给数据库处理；数据库将提建议成功信息返回给普通游客。

建议箱用例的事件流如表 12.2 所示。

表 12.2 BBS 论坛系统普通游客建议箱用例的事件流

内　容	说　明
用例编号	PTYK2
用例名称	建议箱
用例说明	可以向版主/管理员提建议
参与者	普通游客
前置条件	普通游客进入建议箱页面
后置条件	系统接收游客提出的建议
基本路径	普通游客选择向版主/管理员提出建议 数据库检测版主/管理员账号是否存在，并返回检测结果（成功） 输入建议信息 提交建议信息 经数据库处理提交成功 系统显示提建议成功
扩展路径	普通游客向版主/管理员提建议失败 系统跳转到建议箱页面，提示普通游客重新进入

根据表 12.2 所示的事件流画出建议箱的顺序图，如图 12.14 所示。

图 12.14　建议箱操作顺序图（参看源文件）

3）向所有人推荐帖子

普通游客进入推荐帖子界面，选择帖子，然后向所有人推荐，并提交给数据库管理；数据库经过相应的处理，向普通游客返回推荐成功信息。

普通游客进入系统后向所有人推荐帖子的事件流如表 12.3 所示。

表 12.3　向所有人推荐帖子事件流

内　　容	说　　明
用例编号	PTYK4
用例名称	推荐帖子
用例说明	普通游客向所有人推荐帖子
参与者	普通游客
前置条件	普通游客进入推荐帖子界面
后置条件	系统接收普通游客的推荐理由，实现其要求
基本路径	普通游客选择帖子进入推荐帖子界面 经数据库管理检测后返回检测结果 系统显示检测结果 普通游客向所有人推荐 输入推荐理由并提交 系统显示信息推荐成功
扩展路径	普通游客提交的推荐理由系统不接受，此操作失败 系统跳转到推荐帖子界面，提示普通游客重新进入

根据表 12.3 所示事件流画出向所有人推荐帖子的顺序图，如图 12.15 所示。

图 12.15　向所有人推荐帖子顺序图（参看源文件）

2. 会员功能顺序图

1）发表帖子

会员登录系统，进入会员功能界面，选择发表帖子，进入发表帖子界面，根据界面提示信息输入帖子内容，当会员确认发表时，系统提示数据库保存发表信息。

发表帖子的事件流如表 12.4 所示。

表 12.4　发表帖子事件流

内　容	说　明
用例编号	Coustomer_16
用例名称	发表帖子
用例说明	会员可以以帖子的形式发表自己的意见
参与者	会员
前置条件	会员被识别和被授权
后置条件	后台数据库已保存发表的帖子信息（包括时间、发表者等信息）
基本路径	选择某版块，进入，单击发表帖子，显示发表帖子界面 输入见解，单击提交按钮 显示发表成功，保存信息
扩展路径	发表成功后，单击"查看内容"按钮，显示帖子内容
补充说明	
注释	

根据表 12.4 所示的事件流画出发表帖子的顺序图，如图 12.16 所示。

图 12.16　发表帖子的顺序图

2）回复/浏览帖子

回复/浏览帖子主要涉及会员、会员功能界面、回复/浏览收藏界面以及后台数据库 4 个对象。会员在会员功能界面中选择回复/浏览，该界面将发送消息给回复/浏览界面并显示相应界面；在界面上显示帖子列表，会员根据帖子的信息单击帖子链接，此时会显示帖子的详细信息给会员；会员写入自己的意见，并提交给后台数据库保存；数据库保存成功后，向界面提示会员操作成功。

浏览帖子的事件流如表 12.5 所示。

表 12.5　浏览帖子事件流

内　　容	说　　明
用例编号	Coustomer_14
用例名称	浏览帖子
用例说明	可以查看帖子内容以及相关信息
参与者	会员
前置条件	会员身份被识别和被授权
后置条件	后台数据库已保存帖子的单击次数
基本路径	选择某个版块，进入后，单击浏览帖子 显示所有帖子列表，单击帖子链接 显示帖子内容及有关信息 退出浏览
扩展路径	
补充说明	当会员单击帖子后，系统自动修改帖子的单击次数
注释	

回复帖子的事件流如表 12.6 所示。

表 12.6　回复帖子事件流

内　　容	说　　明
用例编号	Coustomer_15
用例名称	回复帖子
用例说明	会员可以针对某帖子主题发表自己的意见
参与者	会员
前置条件	会员身份被识别和被授权
后置条件	后台数据库已保存回复帖子信息
基本路径	参与者选择某版块，进入后，单击回复帖子，显示界面 单击发表的帖子列表，单击帖子链接 显示帖子信息，输入回帖内容，单击提交按钮 显示回复成功
扩展路径	
补充说明	
注释	

根据表 12.5 和表 12.6 所示的事件流画出回复/浏览帖子的顺序图，如图 12.17 所示。

图 12.17　回复/浏览帖子顺序图

3. 版主功能顺序图

版主需要输入账号和密码才能进入系统，进入后提交版主的 ID 进行验证，若验证失败则重新登录，若成功则提交所要执行操作的 ID，经数据库处理后再保存，并返回提示成功信息。

.选热门帖子的事件流如表 12.7 所示。

表 12.7 选热门帖子事件流

内　容	说　明
用例编号	Bz_2
用例名称	设置热门帖
用例说明	对帖子中的热门话题进行挑选，让更多的游客加入讨论并提高点击率
参与者	版主
前置条件	版主被识别和授权
后置条件	后台数据库已保存帖子的热门标记
基本路径	设置热门帖，显示界面 挑选帖子，输入热门帖子 ID，提交 显示设置成功，保存操作
扩展路径	显示设置失败，系统提醒参与者重新设置
补充说明	

选精华帖子的事件流如表 12.8 所示。

表 12.8 选精华帖子事件流

内　容	说　明
用例编号	Bz_3
用例名称	选精华帖子
用例说明	在游客发表的帖子中挑选出经典的
参与者	版主
前置条件	版主被识别和授权
后置条件	后台数据库已保存帖子的精华标记
基本路径	设置精华帖，显示界面 挑选帖子，输入精华帖 ID，提交 显示设置成功，保存操作
扩展路径	显示设置失败，系统提醒参与者重新设置
补充说明	

置顶帖子的事件流如表 12.9 所示。

表 12.9 置顶帖子事件流

内　容	说　明
用例编号	Bz_4
用例名称	置顶帖子
用例说明	在游客发表的帖子中选出最值得推荐的做置顶标记
参与者	版主
前置条件	版主被识别和授权
后置条件	后台数据库已保存帖子的置顶标记
基本路径	设置置顶帖，显示界面 挑选帖子，输入置顶帖 ID，提交 显示设置成功，保存操作
扩展路径	显示设置失败，系统提醒参与者重新设置
补充说明	

管理垃圾箱事件流如表 12.10 所示。

表 12.10　管理垃圾箱事件流

内　容	说　明
用例编号	Bz_6
用例名称	管理垃圾箱
用例说明	把帖子拖至垃圾箱，清空、恢复或彻底删除
参与者	版主
前置条件	版主被识别和授权，存在需要拖进垃圾箱或需要回复的帖子
后置条件	后台数据库保存了对垃圾箱的各种操作
基本路径	单击垃圾箱管理，显示界面 输入管理垃圾箱 ID，提交 显示提交成功，对帖子进行相关操作，保存
扩展路径	显示提交失败，重新输入 ID

根据表 12.7~表 12.10 所示的事件流画出版主功能的顺序图，如图 12.18 所示。

图 12.18　版主功能的顺序图

4. 管理员功能顺序图

1）删除/修改版块

管理员登录成功后，如果要执行删除/修改版块的操作，首先要在版块管理界面内选择删除/修改版块操作，进入相应的操作界面。然后单击某版块，显示该版块的详细信息。最后系统提取参与者的操作，将其提交给数据库记录信息。

修改版块信息的事件流如表 12.11 所示。

表 12.11　修改版块信息事件流

内　容	说　明
用例编号	Coustomer_9
用例名称	修改版块信息

（续表）

内　容	说　明
用例说明	可以修改版块号、主题名、版块主题语和类型等
参与者	管理者
前置条件	管理者已被识别和授权
后置条件	后台数据库已保存修改的版块信息
基本路径	参与者进入版块管理，单击修改版块信息，显示修改界面 显示版块列表，单击版块链接 显示版块详细信息，根据信息输入修改信息，提交 显示修改成功，保存信息
扩展路径	
补充说明	
注释	版块列表可以显示版块号和主题语，方便参与者选择版块修改信息，管理员单击提交按钮后，系统会记录修改的版块信息，并将版块更新，显示为最新修改的版块

删除版块的事件流如表 12.12 所示。

表 12.12　删除版块事件流

内　容	说　明
用例编号	Coustomer_10
用例名称	删除版块
用例说明	可以删除不必要或者不健康的版块
参与者	管理者
前置条件	管理者已被识别和授权
后置条件	后台数据库已删除版块信息
基本路径	参与者进入版块管理，单击删除版块，显示界面 显示版块列表，单击版块链接 显示版块详细信息，确认删除 显示删除成功
扩展路径	
注释	版块列表可以显示版块号和主题语，方便参与者删除版块，不会出现删除不存在的会员信息这种现象

根据表 12.11 和表 12.12 所示的事件流画出删除/修改版块的顺序图，如图 12.19 所示。

图 12.19　删除/修改版块顺序图

2）划分版块

　　管理员进入版块管理界面后，选择划分版块功能，系统会显示划分版块的界面，参与者根据界面上的提示设置信息。参与者提交信息后，系统会将参与者输入的信息提交到数据库保存；保存成功后，系统会提取目前的帖子，形成列表显示出来。当管理员单击某个帖子后，会显示帖子详细信息，管理员根据帖子的详细信息把帖子移送到相应的版块中。操作完成后，系统记录操作信息。

　　划分版块的事件流如表 12.13 所示。

表 12.13　划分版块事件流

内　　容	说　　明
用例编号	Coustomer_11
用例名称	划分版块
用例说明	根据帖子的内容划分种类，一类或几类对应一个版块
参与者	管理者
前置条件	管理者已被识别和授权
后置条件	后台数据库保存划分的版块信息
基本路径	参与者进入版块管理界面，单击"划分版块"按钮，进入划分版块界面 设置版块号、主题、类型等内容，提交 显示划分版块成功，进入帖子分类界面 显示所有已发表帖子列表，单击帖子链接 显示帖子详细信息，单击"分类" 显示选择版块的界面，选择适当的版块，确认分类 显示分类成功
扩展路径	
补充说明	管理员确认分类后，系统将记录帖子被分类之后的信息，然后将帖子移至新的版块中
注释	划分版块功能主要是在系统初期（还没有进行分类时）或者是在出现了很多展示新的主题的帖子，需要为这样的帖子创建新的版块时使用。在帖子列表中可以显示帖子的主题等简单内容，根据帖子主题将帖子分类

根据表 12.13 所示的事件流画出划分版块的顺序图，如图 12.20 所示。

图 12.20 划分版块顺序图

3）关闭版块

管理员进入版块管理界面，选择关闭版块功能，进入关闭版块界面，此时系统在数据库中提取未关闭和已经关闭的版块，形成列表返回到界面。管理员可以到相应的版块列表中单击某个版块，显示版块的详细信息。管理员根据版块的详细信息，决定是关闭还是打开该版块。管理员提交操作后，系统将操作信息保存到后台数据库中。

关闭版块的事件流如表 12.14 所示。

表 12.14 关闭版块事件流

内 容	说 明
用例编号	Coustomer_12
用例名称	关闭版块
用例说明	管理员可以根据系统性能等的需要，关闭或者重新打开某个版块
参与者	管理者
前置条件	管理者已被识别和授权
后置条件	后台数据库保存版块被关闭或者重新打开的标记
基本路径	参与者进入版块管理界面，单击"关闭版块"，显示界面 单击"关闭版块"，显示版块列表 单击某版块链接，显示版块详细信息 单击"关闭版块" 显示关闭成功
扩展路径	进入关闭版块界面，单击"打开版块" 显示已被关闭的版块列表，单击某版块链接 显示某版块详细信息，确认打开 显示打开成功

（续表）

内　　容	说　　明
补充说明	在关闭版块界面上，可以选择关闭版块，也可以选择打开版块。管理员单击关闭版块后，系统会为版块设置被关闭标记。当进入打开版块界面时，系统将被设置关闭标记的版块形成列表，显示出来。单击打开某版块后，系统将删除版块的关闭标记

根据表 12.14 所示的事件流画出关闭版块的顺序图，如图 12.21 所示。

图 12.21　关闭版块顺序图

4）设置版主

设置版主的事件流如表 12.15 所示。

表 12.15　设置版主事件流

内　　容	说　　明
用例编号	Customer_8
用例名称	设置版主
用例说明	管理员将已批准成为版主的会员设置为版主
参与者	管理员
前置条件	管理员已被识别和授权
后置条件	后台数据库中保存会员的版主身份信息
基本路径	参与者进入版块管理，单击"设置版主"，显示设置版主界面 显示已经被批准成为版主的会员列表，单击会员链接 显示会员详细信息，确认设置为版主 显示"设置版主账号"界面，设置版主账号、密码，提交 显示设置版主成功
扩展路径	
补充说明	管理员为会员设置版主账号成功后，系统将版主身份信息返回给会员，同时系统会为版主保留会员号等信息
注释	版主就是特殊的会员

根据表 12.15 所示的事件流画出设置版主的顺序图，如图 12.22 所示。

图 12.22　设置版主顺序图

5）修改/删除/限制会员活动

管理员进入会员管理界面，可以选择删除会员、修改会员、限制会员活动操作，进入相应的界面。在显示界面的同时，系统从数据库中提取所有会员的信息，形成会员信息列表，在界面中显示出来。当单击某个会员时，显示该会员的详细信息。管理员根据会员的信息决定是否执行操作。当执行操作后，系统通知数据库记录操作信息。

修改会员信息的事件流如表 12.16 所示。

表 12.16　修改会员信息事件流

内　容	说　明
用例编号	Customer_6
用例名称	修改会员信息
用例说明	管理员具有修改会员的信息功能
参与者	管理员
前置条件	管理员已被识别和授权
后置条件	后台数据库中用修改后的会员信息覆盖掉之前的会员信息
基本路径	参与者进入会员管理界面，单击"修改会员信息"，显示界面 显示会员列表，单击要修改的会员链接 显示会员信息，输入修改信息，提交 显示修改成功

（续表）

内　容	说　明
扩展路径	
补充说明	
注释	不会出现修改不存在的会员信息这种现象

删除会员信息的事件流如表 12.17 所示。

表 12.17　删除会员事件流

内　容	说　明
用例编号	Customer_5
用例名称	删除会员
用例说明	管理员可以删除不符合规矩或者有不良记录的会员
参与者	管理者
前置条件	管理员已被识别和授权
后置条件	后台数据库中不保存已删除的会员信息
基本路径	参与者进入会员管理界面，单击"删除会员"，显示界面 显示会员列表，单击要删除的会员的链接 显示会员信息，确认删除 显示删除成功
扩展路径	
补充说明	管理员可以直接在会员列表中选中会员，删除，可以避免删除不存在的会员
注释	

限制会员活动的事件流如表 12.18 所示。

表 12.18　限制会员活动事件流

内　容	说　明
用例编号	Customer_7
用例名称	限制会员活动
用例说明	管理员具有限制一些会员活动的权限
参与者	管理员
前置条件	管理员已被识别和授权
后置条件	后台数据库记录有会员被限制活动的标记
基本路径	参与者进入会员管理界面，单击"限制会员活动"，显示限制会员活动界面 显示会员列表，单击要限制的会员的链接 显示会员信息，设置限制标志，提交 显示设置成功
扩展路径	
补充说明	
注释	由管理员设置好会员限制标志，并由系统记录，当会员登录进行一些被限制的活动时，会被系统识别并且阻止该会员实施这些活动

根据表 12.16~表 12.18 所示的事件流画出修改/删除/限制会员活动的顺序图，如图 12.23 所示。

图 12.23 删除/修改/限制会员活动顺序图

6）添加会员

管理员进入会员管理，选择添加会员功能，显示添加会员界面，管理员根据界面提示输入会员 ID、密码等信息，确认提交后，系统提醒数据库检测会员号是否有效，并将结果显示给参与者。

添加会员的事件流如表 12.19 所示。

表 12.19 添加会员事件流

内 容	说 明
用例编号	Customer_4
用例名称	添加会员
用例说明	管理员添加会员的功能
参与者	管理员
前置条件	管理员已被识别和授权
后置条件	后台数据库中已保存添加会员的信息
基本路径	参与者进入会员管理界面后，单击"添加会员"，显示添加会员的界面 分配会员号等，设置会员密码，提交 显示添加成功
扩展路径	显示该会员号已经存在，添加失败 系统自动跳转到添加会员界面，提示参与者重新添加
补充说明	
注释	

根据表 12.19 所示的事件流画出添加会员的顺序图，如图 12.24 所示。

图 12.24　添加会员的顺序图

7）发出设为版主请求

管理员进入会员管理界面，选择发出设为版主请求的功能，显示相应的界面。同时系统从数据库中提取所有会员的信息，形成信息列表在界面中显示出来。当管理员单击某个会员时，显示会员的详细信息，管理员根据会员的详细信息确定是否发出请求。当管理员发送请求后，系统会提示数据库保存操作信息。

向会员发出设为版主请求的事件流如表 12.20 所示。

表 12.20　发出设为版主请求事件流

内　　容	说　　明
用例编号	Customer_7
用例名称	发出设为版主请求
用例说明	管理员可以向一些会员发出请求，邀请会员成为版主
参与者	管理员
前置条件	管理员已被识别和授权
后置条件	后台数据库已保存会员升级要求信息
基本路径	参与者进入会员管理界面，单击"发出设为版主请求"，显示界面 显示会员列表，单击会员链接 显示会员信息，发出请求，提交 显示发送请求成功
扩展路径	
补充说明	
注释	在好友列表中能看到会员级别等简单信息，管理员可以根据会员级别等信息发出请求

根据表 12.20 所示的事件流画出发出设为版主请求的顺序图，如图 12.25 所示。

图 12.25　发出设为版主请求的顺序图

8）查看/删除建议

管理员进入建议箱管理界面，分别选择删除建议、查看用户建议功能，此时分别显示相应的界面。同时，系统会从数据库中提取用户提出的建议，形成建议信息列表，在界面中显示出来。当管理员单击某个建议时，如果选择的是查看建议，则会显示建议的详细内容；如果选择的是删除建议，则显示建议的信息，管理员根据建议的详细信息来确定是否删除建议。当管理员执行操作后，系统提示数据库保存操作信息。

删除建议的事件流如表 12.21 所示。

表 12.21　删除建议事件流

内　　容	说　　明
用例编号	Customer_7
用例名称	删除建议
用例说明	管理员有权删除用户提出的建议
参与者	管理员
前置条件	管理员已被识别和授权
后置条件	后台数据库将不再保存被删除的建议的相关信息
基本路径	参与者进入建议箱管理界面，单击"删除建议"，显示删除建议界面 显示建议列表，单击建议链接 显示建议内容及相关信息，单击删除 显示删除成功
扩展路径	
补充说明	
注释	在建议列表中可以看到建议提出的日期，管理员可以根据日期的先后和建议的内容等来判定是否删除建议

查看用户建议的事件流如表 12.22 所示。

表 12.22　查看用户建议事件流

内　　容	说　　明
用例编号	Customer_7
用例名称	查看用户建议
用例说明	管理员可以查看用户（会员/游客）提出的建议
参与者	管理员
前置条件	管理员已被识别和授权
后置条件	后台数据库保存建议的相关信息
基本路径	参与者进入建议箱管理界面，单击"查看用户建议"，显示用户建议界面 可以分别单击查看会员/游客提出的建议，显示建议列表 单击建议链接，显示建议信息，查看建议
扩展路径	
补充说明	管理员查看用户的建议后，系统为建议添加已阅读标记，并把该标记返回给用户
注释	

根据表 12.21 和表 12.22 所示的事件流画出查看/删除建议的顺序图，如图 12.26 所示。

图 12.26　查看/删除建议顺序图

12.2.3　BBS 论坛系统的通信图

1. 普通游客功能通信图

1）会员注册

会员注册主要涉及 3 个对象：普通游客、会员注册界面和数据库管理。会员注册界面主要向普通游客显示需要填写的注册信息，并对其进行信息的提示，比如提示会员申请会员号、显示注册成功等。数据库管理主要完成会员号的匹配，并将匹配结果返回到会员注册界面。会员注册通信图如图 12.27 所示。

图 12.27　会员注册通信图

2）建议箱

建议箱通信图主要涉及 3 个对象：普通游客、建议箱的界面和数据库管理。建议箱界面主要向普通游客显示提示信息和向数据库发送游客输入的信息。数据库管理主要完成接收界面发送的信息，并且进行数据的匹配、保存等操作。

建议箱通信图如图 12.28 所示。

图 12.28　建议箱通信图

3）向所有人推荐帖子

普通游客向所有人推荐帖子主要涉及 3 个对象：普通游客、推荐帖子界面和数据库管理。普通游客将信息输入界面中。界面主要完成向普通游客显示提示信息的功能，比如输入推荐理由，界面还向数据库提供参与者输入的信息。数据库管理则根据输入的信息做出判断，并将判断结果返回到界面。

向所有人推荐帖子通信图如图 12.29 所示。

图 12.29　向所有人推荐帖子通信图

2. 会员功能通信图

1）发表帖子

发表帖子主要涉及 5 个对象：会员、发表帖子界面、会员功能界面、会员登录界面和后台数据库。首先会员进行登录，将登录信息输入会员登录界面。登录界面则向会员显示登录是否成功，如果登录成功后，则进入会员功能界面，该界面向会员显示其可以完成的各项功能。会员输入选项后，会员功能界面根据会员的选择显示相应的操作界面，这里是发表帖子界面。会员在该界面输入要发表的帖子信息，该界面向会员提示是否发表，并在接收到会员的确认信息后，把信息保存到数据库中。数据库完成保存功能后，将结果返回到界面。

发表帖子通信图如图 12.30 所示。

图 12.30　发表帖子通信图

2）回复/浏览帖子

回复/浏览帖子通信图主要涉及 4 个对象：会员、会员功能界面、回复/浏览/收藏界面和后台数据库管理。会员主要向会员功能界面和回复/浏览/收藏界面输入操作信息，而界面则向会员提示信息。后台数据库主要负责保存会员的操作信息。而界面在接收到会员的操作信息后，向后台数据库发送保存信息的消息。

回复/浏览帖子通信图如图 12.31 所示。

图 12.31　回复/浏览帖子通信图

3. 版主功能通信图

版主需要登录到系统后才能使用系统提供的功能,版主需要输入正确的账号和密码才能登录系统。如果版主需要对帖子或版块进行管理,必须向系统提交版主的 ID,验证通过后才能进行相关的处理,执行所需的操作。后台数据库将对其操作进行保存并会提示成功的信息。

版主功能通信图如图 12.32 所示。

图 12.32　版主功能通信图

4. 管理员功能通信图

1)删除/修改版块

删除/修改版块主要涉及 4 个对象:管理员、版块管理主界面、删除/修改版块界面和后台数据库管理。

管理员需要登录到系统才能进行相应的操作,管理员输入登录信息,成功后,在版块管理主界面中选择删除/修改版块。版块管理主界面则将消息发送到删除/修改版块界面,并显示该界面。管理员在该界面中输入要删除/修改的信息,该界面则显示其需要的版块信息列表以及操作结果,并向数据库发送提取版块信息。数据库形成版块列表,并将列表返回至删除/修改版块界面。

删除/修改版块通信图如图 12.33 所示。

图 12.33　删除/修改版块通信图

2）版块划分

　　版块划分通信图反映的是管理员、版块管理主界面、划分版块界面、后台数据库管理之间的交互行为。管理员主要向版块管理主界面、版块划分界面输入信息，比如输入设置的版块号、密码等。版块管理主界面根据管理员的操作，向版块划分界面发送消息，并显示版块划分界面。版块划分界面向管理员提示信息以及帖子的信息等，并且将版块信息发送到后台数据库进行保存。数据库将向界面提示信息。

　　版块划分通信图如图 12.34 所示。

图 12.34　版块划分通信图

3）关闭版块

关闭版块通信图主要反映管理员、版块管理主界面、关闭版块界面和后台数据库管理之间的交互行为。管理员可以向版块管理主界面和关闭版块界面输入信息，比如在版块管理主界面中选择关闭版块，在关闭版块界面中选择要关闭的版块等。版块管理主界面主要是向关闭版块界面发送显示消息。关闭版块界面则向管理员提示信息、显示版块列表，并且向数据库发送提取版块的信息以及保存等消息。当数据库接收到消息后，针对消息进行相应的处理；当数据库完成操作后，把操作结果返回到关闭版块界面。关闭版块界面再根据数据库给出的结果，向管理员提示相应的信息，例如操作成功、失败等。

关闭版块通信图如图 12.35 所示。

4）设置版主

图 12.35　关闭版块通信图

设置版主通信图主要反映管理员、版块管理主界面、设置版主界面和后台数据库管理之间的交互行为。管理员可以向版块管理主界面和设置版主界面发送消息，如设置版主账号、选择会员等。版块管理主界面则把消息发送到设置版主界面，并显示该界面。设置版主界面则根据管理员发送的消息，向管理员显示和其操作相关的信息，比如显示会员信息、操作结果等，并向数据库发送提取会员信息以及保存等消息。当数据库完成相应的操作后，向设置版主界面返回操作结果，比如保存成功。

设置版主通信图如图 12.36 所示。

图 12.36　设置版主通信图

5）修改/删除/限制会员活动

该通信图反映的是管理员、会员管理主界面、删除会员界面（由于几项操作过程相差无几，所以只选择删除会员界面这一对象说明问题）、后台数据库管理之间的交互行为。管理员只可以向会员管理主界面和删除会员界面发送相应的信息，比如选择某个会员，确认删除。而会员管理主界面则向删除会员界面发送消息，显示删除会员界面。删除会员界面则根据管理员的操作给出回应，比如显示会员详细信息、显示删除成功，并且向数据库发送提取被批准会员信息以及保存等消息。当数据库完成操作后，向删除会员界面发送操作结果，比如会员列表、保存成功。

修改/删除/限制会员活动通信图如图 12.37 所示。

图 12.37　修改/删除/限制会员活动通信图

6）添加会员

添加会员通信图主要反映的是管理员、会员管理主界面、添加会员界面和后台数据库管理之间的交互行为。管理员向会员管理主界面和添加会员界面发送相应的信息，比如设置会员号等。会员管理主界面向添加会员界面发送消息，显示添加会员界面。添加会员界面则根据管理员的操作做出相应的响应，比如显示添加成功、申请的会员号已经存在等消息，并且向后台数据库发送保存的消息。当数据库完成保存操作后，向添加会员界面发送保存成功的消息。

添加会员通信图如图 12.38 所示。

图 12.38　添加会员通信图

7）查看/删除建议

查看/删除建议通信图主要反映的是管理员、建议箱管理界面、查看用户建议/删除建议界面和后台数据库管理之间的交互行为。管理员向建议箱管理界面和查看用户建议/删除建议界面发送相应的信息，比如选择某一条建议。而建议箱管理界面向查看用户建议/删除建议界面发送消息，并显示该界面。查看用户建议/删除建议界面根据管理员的操作做出响应，比如显示建议内容、显示操作成功等，并且向后台数据库发送提取用户提出的建议以及保存的消息。当数据库完成操作后，向查看用户建议/删除建议界面返回操作结果，比如建议的列表、保存成功等信息。

查看/删除建议通信图如图 12.39 所示。

图 12.39　查看/删除建议通信图

12.2.4　BBS 论坛系统的状态机图

1. 前台功能模块的状态机图

BBS 论坛系统的前台功能主要是针对系统中的帖子的管理，例如，查看版面下的跟帖信息、查看自己发表的帖子、查看精华帖子、搜索帖子等功能。其他一些操作类的状态比较少，不用创建状态机图。因此，针对前台功能创建的状态机图如图 12.40 所示。

图 12.40　前台功能的状态机图

2. 后台功能模块的状态机图

与 BBS 论坛系统的前台业务逻辑相比较，后台的业务逻辑复杂，管理员进入后台管理后，可进行会员管理、论坛分类管理和帖子管理等操作，因此系统的状态也很多。

1）会员管理的状态机图

会员管理的状态机图如图 12.41 所示。

图 12.41　会员管理的状态机图

2）论坛分类管理的状态机图

论坛分类管理的状态机图如图 12.42 所示。

图 12.42　论坛分类管理的状态机图

3）帖子管理的状态机图

帖子管理的状态机图如图 12.43 所示。

图 12.43　帖子管理的状态机图

12.2.5　BBS 论坛系统的活动图

1. 普通游客管理活动图

普通游客如果要注册为会员，首先需申请会员号，如果申请失败（匹配失败）则退出系统；如果匹配成功则进入系统界面。普通游客注册为会员后可以修改个人信息、登录系统和在线注销，操作结束后退出系统。

普通游客可以根据自己的需要进入系统浏览帖子、查看新手手册、查看系统最新状态、查看建议箱和推荐帖子等，当所要执行的操作完成后保存设置，退出系统。例如普通游客根据自己的需求向管理者或者版主提出建议，操作完成后自动退出系统。

普通游客管理的活动图如图 12.44 所示。

图 12.44　普通游客管理的活动图

2. 会员管理活动图

　　会员必须经过登录才能进入论坛系统。会员输入登录信息,登录成功后,进入会员管理界面;登录失败则系统提示重新登录。进入会员管理界面后,界面向会员展示其可以进行的操作,如发表帖子、回复帖子、浏览帖子、收藏帖子、添加好友、申请成为版主等。以上几个功能是并行的,会员可以只操作其中的一项后就退出系统。

　　会员管理的活动图如图 12.45 所示。

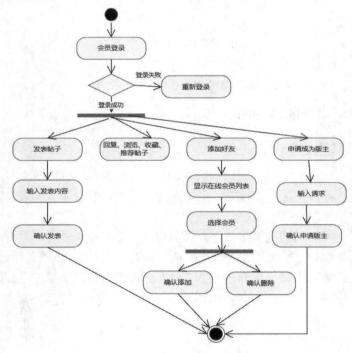

图 12.45　会员管理的活动图

3. 版主管理活动图

版主需要登录后才能进行操作。版主输入登录信息，如果登录失败则重新登录，如果登录成功则进入管理。进入管理后版主可以进行的操作有征帖、置顶帖子、设精华帖、设热门帖、发出请求和垃圾箱管理。其中发出请求主要是指更换版主和移动帖子，垃圾箱管理包括恢复帖子和清空垃圾箱。当所要执行的操作完成后保存设置，退出系统。

版主管理的活动图如图 12.46 所示。

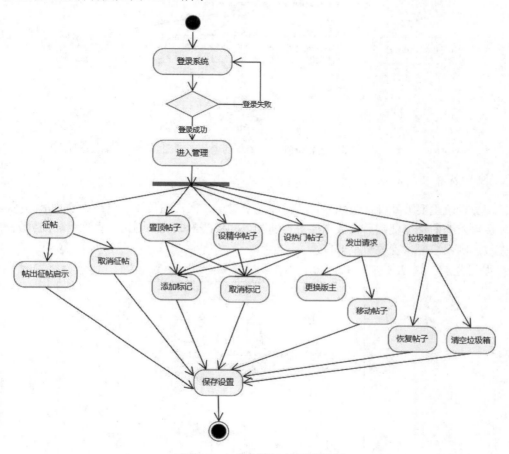

图 12.46 版主管理的活动图

4. 管理员管理活动图

1）管理员管理的整体活动图

管理员首先要登录系统，登录成功后才能进入功能管理界面。在功能管理界面主要有建议箱管理、会员管理、版块管理和新手手册管理功能。这 4 个功能是并行的，管理员可以只操作其中的一项或多项后就退出系统。当登录失败后，系统会提示管理员重新登录。

管理员管理的整体活动图如图 12.47 所示。

图 12.47 管理员管理的整体活动图

2）管理员登录的活动图

管理员登录主要涉及管理员和后台数据库两个对象。当管理员输入登录账号、密码后，系统将管理员输入的信息提交到后台数据库进行匹配，如果匹配成功，则进入管理员功能界面；如果匹配失败，则系统提示管理员重新登录。

管理员登录的活动图如图 12.48 所示。

图 12.48 管理员登录的活动图

3）建议箱管理的活动图

当管理员登录成功，进入建议箱管理界面后，界面为管理员显示查看建议、删除建议、提出建议、更新建议和发起征求意见活动功能。这 5 个功能是并行的，管理员可以只执行其中一项或多项之后就退出系统。

例如，当管理员选择提出建议时，流程是：选择提出建议，输入建议，选择向会员/游客提建议，确认发送建议，当建议发送成功时，操作结束；当建议发送不成功时，系统提示重新提建议，管理员就可以执行重新提出建议的操作。

当管理员选择更新建议时，流程是：选择以前自己提出的建议，打开建议输入更新的内容，提交更新操作，保存信息后操作结束。

建议箱管理的具体活动图如图 12.49 所示。

图 12.49　建议箱管理的活动图

4）会员管理的活动图

当管理员成功登录系统后，进入会员管理界面，该界面向管理员显示：设置会员升级要求、添加会员、删除会员、修改会员信息、发出设为版主请求、限制会员活动和回复会员申请版主请求等。管理员可以只选择其中的一项或多项进行操作后就退出系统。

例如，当管理员选择了添加会员时，流程是：设置会员号以及密码等信息，确认添加，当添加成功时，操作结束；当添加失败时，系统提示管理员重新添加，管理员可以执行重新添加操作。

当管理员选择了回复会员申请版主请求时，流程是：进入回复界面后选择某个会员，根据会员的详细信息确定是否批准，当管理员提交操作后，结束操作。

会员管理的活动图如图 12.50 所示。

图 12.50　会员管理的活动图

5）版块管理的活动图

当管理员成功登录系统后，进入版块管理界面，该界面向管理员显示：划分版块、添加版块、删除版块、关闭版块、修改版块信息、设置版主和回复版主辞职请求。管理员可以只选择其中的一项或多项进行操作后就退出系统。

例如，当管理员选择了关闭版块时，在关闭版块操作中，可以关闭版块，也可以打开被关闭的版块。这两项操作是并行的，可以只选择其中的一项进行操作后就退出系统。

版块管理的活动图如图 12.51 所示。

图 12.51　版块管理的活动图

12.3　BBS 论坛系统中的类及相互关系

根据系统分析和用例分析，系统可以划分为 10 个类：管理员、版主、会员、普通游客、版块、新手手册、建议、帖子、请求信息和回复信息。

1. BBS 论坛系统中的类

1）管理员类

管理员类包含的属性：管理员姓名、管理员账号、操作时间等。管理员类主要用于记录管理员的基本信息以及管理员的操作时间。

管理员类包含的操作：显示操作选择界面()、划分版块()、添加版块()等。

管理员类如图 12.52 所示。

图 12.52　管理员类的内部结构

2）版主类

版主类中包含的属性：版主账号、版主的会员号、版主级别等用于记录版主的基本信息和与之有关的版块，版主在管理版块的同时，也保留会员身份；请求辞职标记用来记录当前版主是否发出请求。

版主类中包含的操作：除了包括版主可以实现的操作外，还包含显示版主详细信息（版主账号）的操作。当单击某个版主链接时，会自动传递参数，调用该操作，显示版主的详细信息，以供管理员参考。

版主类如图 12.53 所示。

图 12.53　版主类的内部结构

3）会员类

会员类中包含的属性：会员账号、会员名称等用于记录每个会员的基本信息，好友账号用于记录和当前会员有联系的会员账号，登录时间用于记录会员登录系统的时间，发帖个数、会员回复帖子个数等可以用作会员升级的参考。

会员类中包含的操作：除了基本操作外，还包含显示会员详细信息（会员账号）的操作，当单击某个会员链接后，自动传递参数，调用该操作，显示相应会员的详细信息。由于每个时刻会有不同的会员登录，因此系统的在线会员列表时刻都在发生变化，当会员登录后，系统的会员列表就应自动更新，这由形成会员列表()操作执行。

会员类如图 12.54 所示。

会员
- 会员账号: String
- 会员名称: String
- 会员不良记录: Integer
- 会员等级: Integer
- 会员发帖个数: Integer
- 会员回复帖子个数: Integer
- 会员收藏帖子个数: Integer
- 登录时间: Date
- 好友账号: String
+ 显示会员详细信息 ()
+ 形成会员列表 ()
+ 建议箱 ()
+ 回复帖子 ()
+ 浏览帖子 ()
+ 发表帖子 ()

图 12.54　会员类的内部结构

4）普通游客类

普通游客没有固定的信息，因此，没有记录游客信息的属性。但是，当游客注册为会员时，会记录游客申请的会员号，注册成功后能顺利转为会员。

普通游客类如图 12.55 所示。

普通游客
- 申请会员号: String
- 点击帖子次数: Integer
- 登录时间: Date
- 注册时间: Date
+ 建议箱 ()
+ 浏览帖子 ()
+ 注册成为会员 ()

图 12.55　普通游客类的内部结构

5）版块类

版块类中包含的属性：版块类型、版块号、版块主题等用于记录版块的基本信息；版块系统记录用于记录当前版块的系统记录（系统记录指的是当前版块是否关闭，若关闭就不能在其中发表帖子），以供系统管理；版主账号用于记录版块的管理者的账号。

板块类中除了基本的操作外，还包含显示版块详细信息()，当单击某个版块里的链接时，会自动调用该操作显示版块信息；设置需关闭版块标记，管理员根据系统需要，单击某版块链接后，使用该操作设置版块的是否关闭的标记；形成被关闭版块列表，用来提取所有被关闭的版块列表信息。

版块类如图 12.56 所示。

图 12.56　版块类的内部结构

6）新手手册类

由于新手手册只有一份，因此只需记录形成时间以及更新时间即可，无须记录所在位置等信息。新手手册类如图 12.57 所示。

图 12.57　新手手册类的内部结构

7）建议类

建议类中包含的属性：建议提出时间、建议属性、建议更新时间等、建议系统记录、提出建议者账户等。这些属性除了记录建议的基本信息外，还记录了建议的属性，即当前建议是什么时候由谁提出的、是否为更新后的等。

建议类如图 12.58 所示。

图 12.58　建议类的内部结构

8）帖子类

帖子类的属性包含了当前帖子的点击次数，根据帖子的点击次数来设置热门帖子、精华帖子。帖子类如图 12.59 所示。

图 12.59　帖子类的内部结构

9）请求信息类

请求信息类的属性记录了请求信息的类型，是请求辞职、成为版主还是好友请求。根据请求类型来选择调用哪个操作。当调用完操作后，自动调用设置请求标记()。请求信息类如图 12.60 所示。

图 12.60　请求信息类的内部结构

10）回复信息类

　　根据回复类型来选择调用哪个操作，调用完毕后，会自动调用设置回复标记()操作，记录回复结果。回复信息类如图 12.61 所示。

图 12.61　回复信息类的内部

2. 类之间的关系图

系统中各个类之间的关系描述如下：

- 管理员—版主：一对多的关系，管理员可以管理多个版主，而系统管理员只有一个。
- 管理员—新手手册：一对一的关系，管理员和新手手册在系统中都只有一个。
- 管理员—回复信息：一对多的关系，可以是多个用户发出请求，这就要有多个回复信息，管理员可以给出多个回复信息。
- 管理员—建议：一对多的关系，管理员可以提出多个建议，同时可以查看多个建议。
- 建议—版块：组合关系，由于管理员要向版主、会员提建议，因此版块内要有接收建议的建议箱，也就是在版块内部肯定有建议。可以说建议也是版块的一部分。
- 帖子—版块：组合关系，帖子是构成版块的一个非常重要的部分，必不可少。
- 版主—帖子：一对多的关系，版主可以管理多个帖子，而一个版块只有一个版主，所以一个帖子只能由一个版主管理。
- 请求信息—版主/会员：依赖关系，请求信息类依赖于版主/会员类，请求信息的操作参数是版主/会员类的对象，当对象发生变化时，请求信息随之发生变化。

- 回复信息—请求信息：依赖关系，回复信息类依赖于请求信息类。若请求信息发生变化，回复信息就随之变化。
- 会员—普通游客：泛化关系。
- 版主—会员：泛化关系。
- 会员/普通游客—建议：多对多关系，管理员提出的一个建议可以被多个用户查看，一个用户也可以提出多个建议。
- 版主—版块：一对一的关系，一个版块只有一个版主，一个版主只能管理一个版块。

根据类的内部结构，以及各类之间的关系，画出 BBS 论坛系统中类的关系图，如图 12.62 所示。

图 12.62　类之间的关系图

12.4　BBS 论坛系统中的配置和部署

12.4.1　组件图的建立

BBS 论坛系统中的页面主要有浏览帖子页面、发表和回复帖子页面、登录页面和后台管理页面。BBS 论坛系统的组件图如图 12.63 所示。

图 12.63　论坛系统的组件图

12.4.2 部署图的建立

部署图主要是用于描述系统中的软件和硬件如何进行配置。BBS 论坛系统的 Web 应用服务器主要负责整个 Web 应用程序，数据库负责数据管理，系统的客户端用来访问网站。系统的部署图如图 12.64 所示。

图 12.64　系统的部署图